私家花园
Private Garden

⑦ 北京吉典博图文化传播有限公司 编

中国林业出版社

图书在版编目（CIP）数据

私家花园 / 北京吉典博图文化传播有限公司编 . --
北京：中国林业出版社，2012.6
ISBN 978-7-5038-6574-9

Ⅰ.①私… Ⅱ.①北… Ⅲ.①花园－园林设计－图集
Ⅳ.① TU986.2-64

中国版本图书馆 CIP 数据核字 (2012) 第 086668 号

主　　编：李　壮　杨　萌
执行主编：王　巍
责任编辑：纪　亮　李　顺
编　委：李　秀　刘　云　韦成刚　高　松　赵　睿
版式设计：唐跃刚
编　辑：肖　娟
文字编写：夏秀田
策　　划：⑦ 北京吉典博图文化传播有限公司

中国林业出版社·建筑与家居出版中心

出　　版：中国林业出版社（100009 北京西城区德内
　　　　　大街刘海胡同 7 号）
网　　址：www.cfph.com.cn
电　　话：（010）83223051
E-mail：cfphz@public.bta.net.cn
印　　刷：北京利丰雅高长城印刷有限公司
发　　行：新华书店
版　　次：2012 年 6 月第 1 版
印　　次：2012 年 6 月第 1 次
开　　本：235mm×300mm
印　　张：20
字　　数：200 千字
定　　价：328.00 元

CONTEN

CONTENTS
目录

TS

Flower & Villa

项目地点：中国 上海市   庭院面积：300平方米   完成时间：2011
设计公司：上海热枋（HOTHOUSE）花园设计有限公司
Location: Shanghai, China   **Courtyard area:** 300 m²   **Completion time:** 2011
Design Company: shanghai hothouse garden design co.,Limited

花园的地形是一个不规则的三角形，这是我们几乎没有遇到的情况，处理不好的话，后果会相当糟糕，因而在方案规划上我们殚精竭虑，遭遇到前所未有的挑战。

"花园是家居生活在户外的延伸"是热枋花园一贯的设计理念，我们从室内功能着手，把室内客厅和餐厅分别延伸出去划分为户外客厅，餐厅，很快就形成了方案的雏形。

水景当然是少不了的，我们用一个流线型的自然式池塘有机连接了两个功能区，就形成了如图的方案。

这个花园主要体现了我们一贯主张的"花园是家居生活在户外的延伸"这个概念，花园里有户外客厅和户外餐厅两个主要空间，通过设置有高差的水景和木桥将两者链接起来。

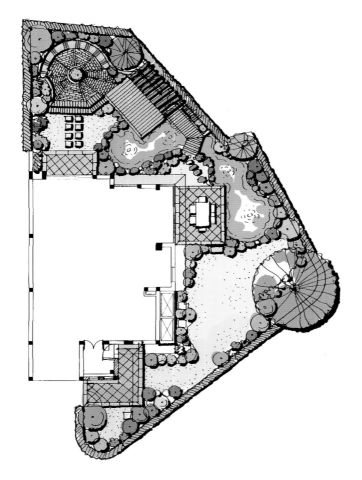

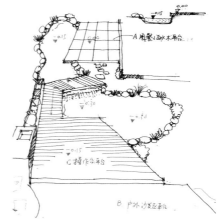

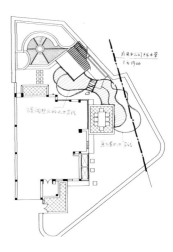

这个庭院的设计主题是通过不同设计手法来实现的，运用柔美的曲线造型来突出浪漫的空间氛围，通过这些曲线弱化庭院原始的不规则形状给人零散感；在总体规划中采用了自由曲线造型的水景作为主体，增加空间的灵动感，优美的曲线呈现的浪漫感受与设计主题相呼应，在庭院的角落中采用的弧形矮墙与曲线的造型相呼应，突出了造型的整体感。在庭院中不同功能区的休息平台通过温暖的木色来统一，庭院空间变得细腻而富于变化，通过这些手段的控制总体呈现出亲切、舒适的感受。

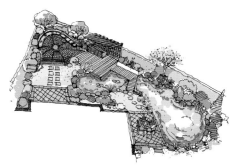

Happy House, Zhangjiagang 张家港怡佳苑

项目地点：中国 张家港市　庭院面积：300平方米　完成时间：2011
设计公司：上海热坊（HOTHOUSE）花园设计有限公司
Location: Zhangjiagang, China　**Courtyard area:** 300 m²　**Completion time:** 2011
Design Company: shanghai hothouse garden design co.,Limited

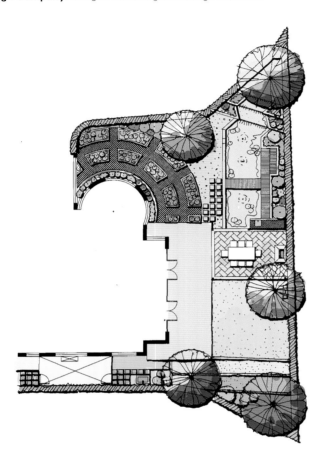

这是一座位于张家港体育馆东侧人民路上的一座欧式独栋别墅，花园占地约300平方米，其中南花园200多平方米。

这座别墅已经有七八年了，为了保持新鲜感，室内装饰尤其是软装饰几乎每隔两三年都会更新一次，花园却一直疏于打理，成了一块"鸡肋"。这次我们决定给别墅主人一个惊喜。

当时花园的情况比较杂乱无序：一大片釉面地砖是当年装修室内用剩下的就随手铺到了花园里，其他地面是草坪，因为一直没有好好照料，草坪枯黄，病虫害严重。一只取名叫"开心"的小狗，在院子里自由奔跑，随意刨土。乔木种植的位置和落叶常绿的属性选择不当，挡住了很多光线，一株樱花种在花园中心不仅阻碍人的活动而且使花园空间显得更加狭小。现场有一株丛生青枫，树形饱满匀称相当优美，准备予以保留。从平面上看这个花园地块地形特征非常明显，不同于一般的占地大都是规矩的方形或者矩形，这是一个长条形，同时东南和西南两个方向呈尖角状。

业主很认同我们的设计理念：花园是家居生活在户外的延伸。花园应该有实际的功能，不仅仅是用来观赏的，应该把日常生活与花园紧密地融合在一起，于是我们在这样一个狭长的空间里依次布置了"露天餐厅"、"户外客厅"、"生态水景"和"时尚蔬菜园"四大功能区。

如何巧妙处理东南角的尖角部位？设计师试图利用现有的这种纵深感，设计一组叠水作为水池的源头，那样就必须抬高现有的地坪。后来证明这个想法是可行的，而且是成功的。水池上方还设计了一座平桥，人可以站在桥上，多角度观赏叠水，鱼儿和荷花，增加了人与景观的互动性。

我们为业主单独设计了一块"自留地"，种植她最喜欢的玫瑰、薰衣草，或者种菜也是很好的选择。时尚菜园（花圃）借鉴了英式花园的常用手法，使用透水红砖作为主要地面材料，路径根据弧形的建筑外墙平行呈发射状布置，每一个种植块的尺度都根据人体工程学设计。

Dream House 观庭

项目地点：中国 上海市　　庭院面积：500平方米　完成时间：2010
设计公司：上海热枋（HOTHOUSE）花园设计有限公司
Location: Shanghai，China　**Courtyard area:** 500 m²　**Completion time：** 2010
Design Company: shanghai hothouse garden design co.,Limited

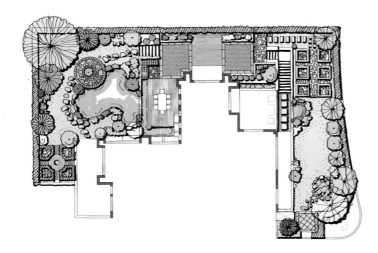

观庭是一个纯独栋赖特风格的别墅豪华社区，每户平均占地近 1000 平方米。我们这个案子花园 500 平方米，分为南院，北院和下沉花园三大块。

南院是家庭的主要户外生活区，业主提出希望即使雨水天气也可以在户外活动，于是我们建议沿建筑架设较大面积的廊架，顶部覆盖夹胶钢化玻璃，再种植爬藤植物，这样既满足了不良天气条件下花园的使用，也保证了夏天活动区的凉爽。其次充分利用现有地形高差，规划了一个叠加水池，面向休闲区自然形成一个 1.2 米高的瀑布墙。上水池是一个儿童戏水池，内立面贴满蓝色马赛克，营造休闲气氛；下水池强调观赏性，里面种满各种水生植物，同时也对水质起到净化作用。

北院与下沉花园是连为一体的。虽然是北院，因为是独栋社区，阳光依然不错，我们建议沿围墙设计一个时尚蔬菜园，可以种植家庭常用的青菜、黄瓜、茄子、香葱等等，这样不仅保证了家庭蔬菜食品的食用安全，同时也形成花园里一道美丽的风景。用防腐木制作高约 40 厘米的种植床，这样采摘蔬菜的时候不必过分弯腰，也就不会太劳累了。

下沉花园有一堵 3 米多高的墙体，正对着业主的书房，而且比较近，显得有些压抑，我们的想法是可以将这堵墙体做成流水墙，厚重的墙体因为流水的反光得到适当的虚化，同时清脆的流水声让书房周边的环境显得更加幽静。

庭院的细部处理手法与草原式的建筑风格相呼应，采用粗糙的肌理质感作为庭院的表面装饰材料，突出了庭院与建筑之间的关系，保证了环境的总体统一感，同时也突出了庭院乡村式的设计味道。运用庭院的场地高差，在空间的垂直面上形成丰富的视觉空间，为庭院增添了别样的情趣。户外就餐空间运用装饰壁炉与廊架形成的私密空间与水景之间形成紧密的联系，为主人就餐时增添了许多情趣。

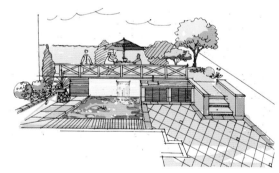

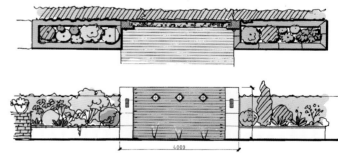

Sunny Garden 新律花园

项目地点：中国 上海市   庭院面积：200平方米   完成时间：2011
设计公司：上海热枋（HOTHOUSE）花园设计有限公司
Location: Shanghai，China   **Courtyard area:** 200 m²   **Completion time:** 2011
Design Company: shanghai hothouse garden design co.,Limited

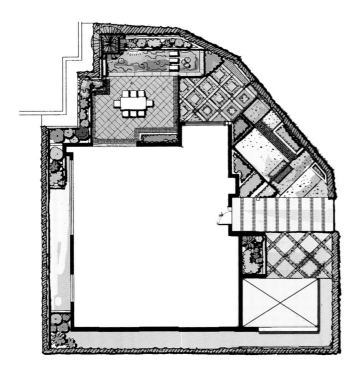

这个花园位于上海虹桥地区，西郊宾馆北边，200多平方米，是一个不规则的地形。

业主购买这处房产是用于投资并且出租的，因为租客主要是面向古北虹桥这一区域的外籍高级企业管理人员，所以对室内装饰和花园的要求都比较高。

业主偏爱极简风格，在花园方面希望看上去清爽干净，不需要太多的植物，易于打理，另外外籍家庭一般儿童较多，要预留充足的活动空间给孩子们。

或许是因为地段的尊贵，虽然是独栋社区，但是密度还是相当高的，户与户之间几乎是紧挨着。尤其让业主顾虑的是，邻居家出入口的门刚好正对着她家的客厅，这样一来即使坐在家里，也有一种时时被"监控"的感觉。于是我们将客厅玻璃门对出去的那一段绿篱改成了景墙，起先计划做流水景墙，后来大家都感到有些落入俗套，便改成了现在这种用蓝紫色和粉红色两色玻璃间隔组成的彩色景墙。

说到颜色，目前我们国内的花园里，大家似乎都不太敢运用鲜亮的颜色，通常都是白色、米黄、灰色等等，这些颜色属于百搭型，在哪里运用固然都不会错，但同时也失去了特色与个性。这里用蓝紫与粉红色，其实是为了在冬天或者花期断档的时候，花园里还有一些供人欣赏的颜色。

因为空间有限，水面的面积就不得不压到最低，考虑到儿童在院子里戏耍的安全，水池的深度也控制在40厘米以内。沿水池的长条花坛里种满了百子莲，宽厚挺拔的叶片本身就非常优美，等到花儿开放，一个个毛茸茸粉蓝粉紫的球儿跟背景墙遥相呼应，一定非常好看。

侧院主要是供孩子们活动的地方，可以摆放蹦床、滑梯等等。

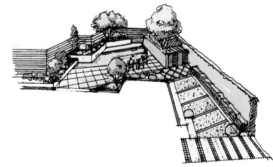

Sarah's Garden Sarah的花园

项目地点：中国 上海市   庭院面积：60平方米   完成时间：2011
设计公司：上海热枋（HOTHOUSE）花园设计有限公司
Location: Shanghai，China   **Courtyard area:** 60 m²   **Completion time：** 2011
Design Company: shanghai hothouse garden design co.,Limited

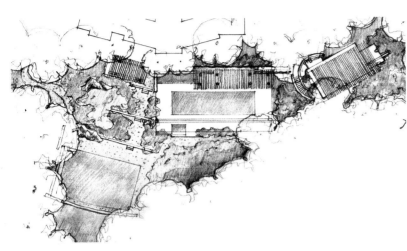

Sarah 是热枋花园的植物配置师，她的那座英国乡村风格花园曾经引得无数花园控们前来参观，各大园艺杂志媒体竞相报道，这让 Sarah 自豪了好一阵子。。

但是时过境迁，去年 Sarah 改变了主意。为什么？打理这样的一座花园实在太费时费力了，虽然才 50 多平方米，却不得不每天消耗至少一个小时，浇水，修剪，割草，驱虫，稍一懈怠，它立马还你颜色。

委托 Sarah 做花园设计的客户越来越多，工作越来越忙，Sarah 很愁。

"如果我把草坪去掉，会不会大大减少工作量呢？"有一天她坐在花园里盯着脚下这片绿油油的草坪想到，"确实有些不舍，但是至少不用浇水了，也不用修剪，更加不用担心草坪变黄，生虫，蚯蚓钻出的洞眼等等问题，为何不尝试使用沙砾或者吸水性较好的火山岩颗粒呢？"

说干就干，不出三天的时间，花园立马彻底变了个样。绿色的植物有了金黄色的沙砾打底，色彩互相映衬，跟以前是完全不同的感觉！尤其是紫色的美女樱，与黄金沙刚好构成一对互补色，这真是个意料之外的惊喜！

一个典型的英伦风情式的花园造型，主要是通过草本的植物来点缀，运用植物本身的形态及色彩来装饰庭院，使得庭院中充满了乡野的情趣。庭院空间的组织是平面化的，尽管如此，运用不规则的边界及自由的曲线来模拟野外自然状态下的空间形态，为庭院营造了生动的情趣，暖色的沙石铺地与绿绿的植物之间形成了强烈的对比。

Sheshan No.3 佘山三号

项目地点：中国 上海市　　庭院面积：120平方米　　完成时间：2011
设计公司：上海热枋（HOTHOUSE）花园设计有限公司
Location: Shanghai，China　　**Courtyard area:** 120 m²　　**Completion time：** 2011
Design Company: shanghai hothouse garden design co.,Limited

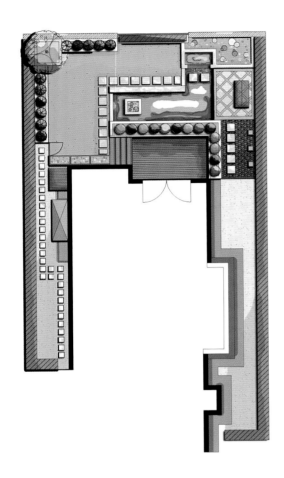

G 先生是位美籍华人，投资界人士，常年往返于纽约、上海、香港之间。佘山三号地处佘山脚下，自然风光秀丽，空气清新，不像闹市区那么嘈杂。于是 G 先生把这里作为他在上海的家。"朋友们也大都散布在附近，互相串门也很方便，到机场也不过半小时车程……" G 先生非常随和，一脸阳光，从胳膊和小腿上突出的条条肌肉来看，他是位热爱运动的人士。

这是幢建筑面积 400 多平方米的独立住宅，花园一百多平方米，这个面积配比对于一般家庭来说有点偏小，但于 G 先生却再合适不过了。因为平时在上海的时间并不多，花园完全交由园丁去打理，花园面积越大，养护成本也相应越高。

"我希望花园作为我们家庭或者与朋友们举办 PARTY 的附属空间，大家在花园里随便走走，坐坐，聊聊天就 OK 了……"喜欢干净利落的 G 先生一句话就讲明了他的意图，此外没有别的要求。

我们紧扣 G 先生的要求，提供了一个简约风格的方案。将出口处的平台扩大，足以放下一张八人桌，其次设置了一个双层叠水池，跌水与平台方向一致，构成休息区的主要景观面。由于平台与地面存在一个 1.2 米的高差，稍显压抑，我们通过平台边抬升的花坛以及沿水设置的长条坐凳，增加了一个中间层次，将高差有效化解，就形成了现在的这个方案。

Vanke Spring Dew Mansion 万科朗润园

项目地点：中国 上海市　　庭院面积：50平方米　完成时间：2009
设计公司：上海热枋（HOTHOUSE）花园设计有限公司
Location: Shanghai，China　　**Courtyard area:** 50 m²　　**Completion time**：2009
Design Company: shanghai hothouse garden design co.,Limited

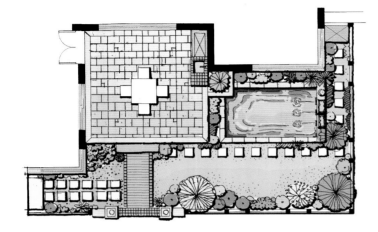

这座 50 多平方米的入户花园是一个改造项目，位于闵行区七宝镇的万科朗润园，业主 Danney 是位知性优雅的女性，她非常热爱园艺，业余时间里她最大的爱好就是收集各种奇花异草，说到园艺植物，她如数家珍，足以令我们很多园艺同行汗颜。

第一次建造花园，是业主辛勤劳作近半个月的结晶，自己砌花坛，挖水池，堆假山，种竹子，还有许多从各地搜刮来的宝贝，在相当长一段时间里，Danney 家的花园都是朗润园里最耀眼的明星，很多邻居常常驻足花园门前，啧啧赞叹，这也让 Danney 对园艺的热情越烧越旺。

有一天，业主忽然下决心要把自己的花园彻头彻尾地翻新一次，因为她看到了更好更美的花园范本。一个偶然的机会，业主去同润加州一位朋友家做客，她惊叹于眼前这种现代简洁的花园，由于从小受到的传统教育在心中烙下印记太深，业主一直认为，花园就应该像苏州园林那样，水池假山，竹林环绕，弯弯曲曲，铺满卵石的小路，灰瓦红柱的亭子……朋友家的花园，给人感觉轻松惬意，色彩明亮，处处弥漫着浓郁的生活气息，业主被眼前的景象打动了，迫不及待的跟朋友索取到热枋花园的电话。

第二天她就与热枋的 David 和 Sarah 见面了。

业主很擅长表达，滔滔不绝地描述她理想中花园的样子，设计师 David 很快就领会到她的意图，一边交谈，一边在草图纸上迅速地勾画方案，很快几个各具特色又富有创意的方案出炉了，最后业主在设计师的建议下，选择了后来实施的这套方案，由水池，水景墙，活动平台（户外客厅），烧烤操作台（户外厨房），围栏及储物箱组成，水池位置的布局，煞费了一番苦心，同时兼顾了来自花园入口、活动平台以及主卧室三条观景视线，水池刚好处在三条视线的交汇处。水景墙和活动平台都采用了清新自然而且质朴的青锈石板，中间用 100 毫米 X100 毫米彩色釉面砖作点缀，打破大片青灰石材的沉闷感。围栏的设计也很有特色，业主说她从来没有见过这样的围栏，常见的围栏形式都是竖向的木条，连成片，顶部做成圆形的，毫无新意，而且也并不美观。设计师打破常规，把大家常用的竖向木条横过来，而且采用密拼的形式，旨在挡住花园外围公共绿化带里因为保养不善出现的杂乱无章，公共绿化带中一些枯死的植物没有得到及时的清理，让人感到不悦，新建的围栏把这些不雅的场景全部挡在了花园外面。

花园终于在去年冬日里一个温暖的午后顺利竣工了，看着眼前美妙的景象，业主非常开心，热情地邀请 David 和 Sarah 一起合影留恋，两位设计师自此也成为她家的常客。

Vanke Blue Mountain 万科蓝山

项目地点：中国 上海市   庭院面积：200平方米   完成时间：2008
设计公司：上海热枋（HOTHOUSE）花园设计有限公司
Location: Shanghai, China   **Courtyard area:** 200 m²   **Completion time:** 2008
Design Company: shanghai hothouse garden design co.,Limited

朱先生是位年轻有为而且颇具明星气质的80后，他留着酷酷的发型，穿牛仔裤，开X5，言谈潇洒，浑身上下透着一种俊朗阳光的气质。他年纪轻轻就拥有多家公司，涉足娱乐、金融、投资等多个产业。每天都很忙碌，却又很懂得生活。

因为经常在国内飞来飞去，他选择离机场近一点的地方居住，万科蓝山风格简约色彩沉稳明快，非常适合年轻人，当初他和太太一眼就相中了这里。

花园面积200多平方米，150平方米的绿地和50平的露台，露台下方是地下车库，比绿地高出60厘米。

朱先生的要求是"给我做得酷一点！"除此之外任由发挥。我们勘察了场地后，眼光落在了餐厅正对面的那座墙上，这座墙其实是与邻居家相接的围墙，高约3米，上面有顶棚把主体建筑和围墙连接起来，这是个下雨天气也可以利用的空间。

"可不可以把露台做成一个户外就餐区呢？"
"对面的墙体高大而且很空，能不能做一个大片瀑布幕墙？一边吃饭一边欣赏瀑布？"
我们把这个大胆的设想告诉朱先生夫妇，他兴奋得眼睛里放光："哇！这个太酷了！"

但是新的问题很快就出现了。
"绿地和露台之间存在那么大的高差，怎么样才能把他们巧妙地结合到一起？而且不能人工的痕迹太重。"
现场我们一边勾画草图，一边继续讨论。

"我倒有个主意，"专管植物配置的Sarah在草图纸上利落地画出了一个三层叠水，"我们可以在绿地和露台之间再加一个水池，水从幕墙顶部沿幕墙流到第一层水池，第一层水池满了就会溢到加设的第二层水池，第二层溢满再落入绿地上的自然式池塘……"
方案就是这样炼成的。

一个月后，梦想变成了现实。

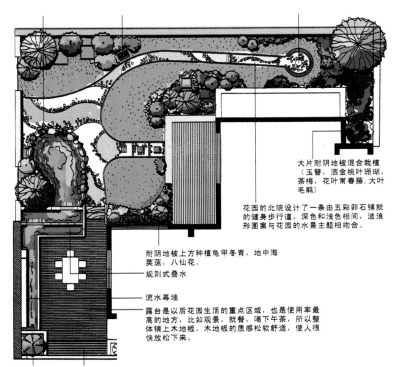

大片耐阴地被混合栽植（玉簪，洒金桃叶珊瑚，茶梅，花叶常春藤，大叶毛鹃）

花园的北院设计了一条由五彩卵石铺就的健身步行道，深色和浅色相间，波浪形图案与花园的水景主题相吻合。

耐阴地被上方种植龟甲冬青，地中海荚蒾，八仙花。

规则式叠水

流水幕墙

露台是以后花园生活的重点区域，也是使用率最高的地方，比如观景，就餐，喝下午茶，所以整体铺上木地板，木地板的质感松软舒适，使人很快放松下来。

Gemdale Green 金地格林

项目地点：中国 上海市　　庭院面积：60平方米　完成时间：2010
设计公司：上海热枋（HOTHOUSE）花园设计有限公司
Location: Shanghai，China　　**Courtyard area:** 60 m²　　**Completion time**：2010
Design Company: shanghai hothouse garden design co.,Limited

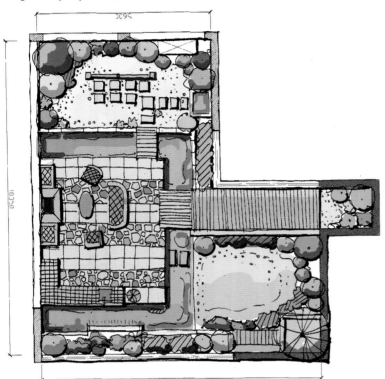

这个花园 60 多平方米，朝南，南面东面邻小区道路，西面是邻居，地块形状较为方正，从使用角度来说是非常好的。不足的一面在于两面邻路，而且围墙较低，隐私保护不够理想。

业主 Z 先生是在嘉定南翔经营木材生意的一位商人。起初经人介绍认识，本来以为像他这么繁忙的人不会有兴致去管理花园，慢慢了解以后才知道，原来 Z 先生与花园的情缘还是很深的，大约是小时候在农村生活过的缘故吧，借用他自己的一句话就是"每个男人心中都有一个田园梦"。

Z 先生告诉我们，他和太太的工作很忙，很少有时间花费在花园的打理上，所以希望这个花园建成后不需要过多的维护，简单浇浇水就可以了。

其实跟 Z 先生有类似想法的人还是很多的，大城市的生活节奏太快，工作和睡觉已经占去了每天24 小时的 70%，还需要充电继续学习，应酬等等，剩下的时间就少得可怜。年初我们去英国考察花园，也见到各种类型的"懒人花园"，大约是因为花园的主人自己没有时间，国外的人工又很贵吧，所以大家一起发明了许许多多可以节省人工的办法。

言归正传，在这个花园里，我从以下几个方面做到低维护：
第一，舍弃了草坪，免去了每周都要修剪草坪的烦恼。而且上海特有的梅雨天，如果排水不畅的话，草坪就会大面积烂根枯黄，是极难看的。我改用沙砾地和嵌草地坪，这两种地坪都很环保，雨水可以原地下渗。
第二，在植物选择上，我们都选用了耐寒耐干旱的植物，以小型灌木和木本花卉为主，仅少量配置一二年生草本。木本植物生长相对缓慢而且稳定，不需要频繁做调整。

我们把这个院子通过水系划分为三大块，正南的一块作为客厅对应出去的对景，主要是观景的，西南边的一块设计成岛状，作为家庭户外活动区，三面环水，岛上有户外料理台、户外壁炉，再增加一套户外沙发，就可以满足家庭在花园里喝茶聊天读书等等休闲活动了。西北边独立划分一块，以沙地为主，等女儿稍稍长大一些，可以在这里放置一套秋千，成为一个专门供她活动的专享区域。

Lunada Bay Residence, Palos Verdes Peninsula, Southern California

路那达海湾住宅，南加州帕洛斯弗迪斯

项目地点：美国 加利福尼亚　　庭院面积：400平方米
摄影师：Jack Coyier，Pamela Palmer
设计团队：Miriam Rainville, Daniel Lopez, Pascale Vaquette, Andrew O. Wilcox, ASLA, Perla Arquieta, ASLA, Valeria Markowicz (Intern)
设计公司：ARTECHO ARCHITECTURE AND LANDSCAPE ARCHITECTURD

Location: California，USA　　**Courtyard area:** 400 m²
Photo Grapher: Jack Coyier，Pamela Palmer
Design team: Miriam Rainville, Daniel Lopez, Pascale Vaquette, Andrew O. Wilcox, ASLA, Perla Arquieta, ASLA, Valeria Markowicz (Intern)
Design Company: ARTECHO ARCHITECTURE AND LANDSCAPE ARCHITECTURD

这是一个典型的后现代风格的南美式庭院设计，庭院的设计手法及风格与建筑之间的搭配是一个完美的组合。南加州的传统庭院设计元素以户外壁炉及规则的水景造型为主要特征，这些典型设计元素在本案的设计中被完全解构，水景及壁炉等元素按照空间的轴线及建筑的场地被有机地组织在一起，这些造型的元素与建筑及周边的自然环境有机结合，形成一个不可分割的整体。水是以线的造型存在的，这些造型所反映的还是一个反射天空的元素，通过这些手段来反映场地环境一年四季的交替变化。规则的几何形态与建筑之间形成了一个相互存在的整体，庭院的水是线性的，将几何型植物分隔开，这些构图形成的张力与建筑和基地之间形成的张力相互呼应，形成一个完美的整体，户外的 SPA 被设计成一个圆形，在视觉上与远处的大海连成一个整体，给人以自然的感受，人工化的几何形态与自然元素的有机结合被安置于一个场地之中，它们与大自然共同构成了一幅完美的艺术品。

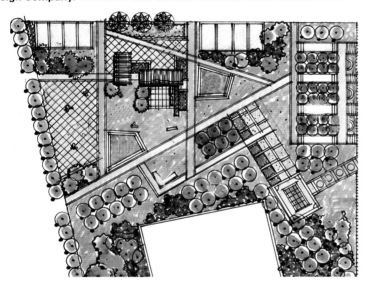

庭院中的水景以几何形式出现，这些设计元素与建筑所在的海岸线之间形成的自由与规则的反差，具有强烈的对比性，通过这些设计手法所反映的视觉效果具有强烈的冲击感。户外壁炉也被安排成不同的形式，这些设计造型与环境之间形成强烈的统一感，不同的功能所表现出的艺术张力形成了丰富的变化，这个案例的庭院设计体现了建筑师与景观设计师之间的默契以及对建筑基地环境的共同价值认知。

Normandie 诺曼底

项目地点：爱尔兰 都柏林　　庭院面积：1400平方米　　完成时间：2001
摄影师：Hugh Ryan　　设计师/建筑师：Hugh Ryan
设计公司：Hugh Ryan Landscape Design

Location: Dublin, Ireland　**Courtyard area:** 1400 m²　**Completion time:** 2001
Photographer: Hugh Ryan　　**Designer/Architect:** Hugh Ryan
Design Company: Hugh Ryan Landscape Design

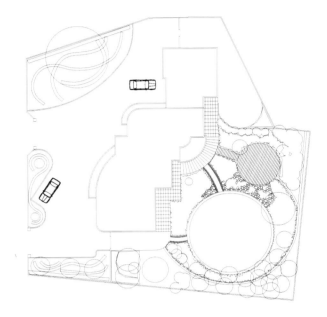

这个花园项目一直是我梦寐以求的项目：热情、博学的客户，意气相投、富有天赋的建筑师和绝佳的房子。作为一种时尚，装饰艺术一直深深吸引着我。20 世纪 50 年代时，我非常幸运地住在爱尔兰一些很好的装饰艺术建筑附近，当时我还是个孩子。所以当客户找到我为都柏林的这套住宅设计花园时，我毫不犹豫地答应了。

对于我来说，建筑的特征与其所占用的空间以及建筑周围空间的关系在花园设计中十分重要。在本案中，有着明显特征的住宅占据了大部分空间，它给我的第一印象就像是一艘远洋客船，而正是这个印象为我的创作带来了灵感。随后，我便将本项目取名为"诺曼底"—— 20 世纪 30 年代法国的一艘装饰艺术远洋船。我第一次来到这里的时候，房子正在进行较大的改造和扩建，而除了后院的一棵非常细的西伯利亚云杉和前院一棵非常大的'银灰'北非雪松以外，花园完全是一张白纸。我还注意到，住宅所有的房间都能看到花园，而且一楼的很多房间都带有阳台。厨房占据了房子非常重要的中心位置，在房子和花园之间建立起了主要连接。客户希望花园不要太传统，也不要太现代，有一个蹦床和篮球运动空间，后院有娱乐空间，还要有一个草坪和一处水景，但是不要水池。她想在侧面设置一个杂物院，前面有大面积的停车场。除此之外，她还希望我能把她喜欢的一些植物融入到我的设计中去。

那么，从哪里入手呢？首先，我要真正了解场地和客户的需要和愿望。设计他人的花园最明显的一个优势就是你可以用新的眼光和新的思路进行设计，而如果是设计自己的花园，你早就已经失去了这种眼光，你的思路也会变得十分狭窄，然后你就会试着去找可以借鉴的事物，看看是不是会有帮助，不过事实上这个"可以借鉴的事物"往往是别人的东西。你需要收集尽可能多的资料，做很多记录，画很多草图，而且还要一直保持灵活的思维。我首先对花园进行一次简单但是精确的测量，然后按比例进行设计。我从事花园设计已经快有三十年了，在这段时间里，我总结出一两个要点，而我认为最重要的就是灵活。很多时候耐心非常重要，急躁日后会导致很多问题，但是对于我来说，一旦确定了设计的模型，我就会很快做出方案，很少改变，不过我确实发现，灵活非常重要。对灵活加以提炼，我经常会发现，我所遗漏的和我所采用的同等重要，有时甚至更为重要。要避开先入为主的想法，信任灵感。不要复制他人的想法，然后试着让这个想法"适合"你的设计。为什么不采用你喜欢的想法，然后对其进行分析和分解呢？如果这些想法正确、恰当，你可以再对其进行修改和润色，以符合你所设计的项目的要求。

在本项目的规划中，我所面临的一个挑战就是从杂物间的房门到我想设置杂物院的位置之间的路线挡住了健身房与花园之间的视线。在大多数情况下，我喜欢让杂物院尽量接近杂物间的门，但是要与花园的主要部分分开，并将其隐蔽起来。在本案中，隐蔽杂物院无论如何都不能阻挡健身房与花园之间的视线。为了解决这个问题，我设计了一面长长的、弯曲的白墙，把杂物院分开并隐蔽起来，同时也保留了健身房与花园之间的视线。

就像我前面提到的，厨房的举架很高，有巨大的曲面玻璃墙和宽敞的房门，直接通往后院。熟悉了厨房的曲线以后，我设计了一个弧形的路面，在石灰岩和花岗岩的映衬下，形成了连接住宅和花园的桥梁。在这里，我们发现了一个阳光充足的位置，坐在这里喝咖啡或冷饮将是一件十分惬意的事情，从这里可以看到绿化呈带状贯穿整个花园，像波浪一样在花园中弯曲、流动。巨大的圆形平台通过木板路与弧形路面连接在一起，漂浮在植被的海洋之中。

水景设置在草坪和平台之间。白色的花岗岩卵石上有三个闪闪发光的音乐喷泉，不仅带来了美妙的音乐，同时还形成了一个美丽的景观，这样设计的目的是模仿海岸线。

一片圆形的草坪面向花园，通过两条混凝土小路与铺设的路面连接在一起。这些小路用白砂和水泥混合的混凝土铺设而成，边缘处有几块有棱角的花岗岩，使人们不禁联想到海岸。

宽敞的草坪南面是一片由桦树和沙果树组成的小树林，下面种着春季开花的球根花卉和喜阴植物。这里有一条长长的曲径，穿过蹦床周围的竹林和小树林，然后来到雕塑般的西伯利亚云杉后面，最后穿过另一片树林重新与平台融合在一起。

与此相反，前院中种植的都是常绿的观叶植物；前院的植物也呈带状布置，但是形成蜿蜒的波浪形状，交织成一条条银色、绿色和深红色的景象；前院中有充足的停车空间和意大利柏树，易于维护。我一直觉得，这个方案中融入了海边娱乐的特征。我希望能够借此成为像法国建筑家、著名装饰艺术代表罗伯特·马莱·史蒂文斯（1886–1945 年）一样的人。

PV Estate PV庄园

项目地点：美国 加利福尼亚　　庭院面积：2英亩（1英亩≈4047平方米）　　完成时间：2002
摄影师：John Feldman　　设计师：Ecocentrix Landscape Architecture
设计公司：ECOCENTRIX

Location: California，USA　　**Courtyard area:** 2 Acres　　**Completion time:** 2002
Photographer: John Feldman　　**Designer:** Ecocentrix Landscape Architecture
Design Company: ECOCENTRIX

这个两英亩的阶梯式植物园位于山腰，高高地耸立在太平洋之上。不论是在场地之中还是在远处观看，植物园都形成了长长的景观，现场挖掘的石块用于建造100英尺（1英尺=0.3048米）长的倾斜墙，勾勒出植物园的轮廓。50英尺长的浅水池与远处的天空和海洋融为一体。植物园中的小路沿着加利福尼亚早期移民者修建的货车车道铺设，蜿蜒地穿过整个场地。

庭院的设计灵感来自客户对各地区花园的热爱，将林园、普罗旺斯庭院、日本枯山水庭院、仙人掌园、肉质植物园、加利福尼亚本地庭院及其它州的喜旱植物巧妙地交织在一起，同时还包含了大量的成龄树木。

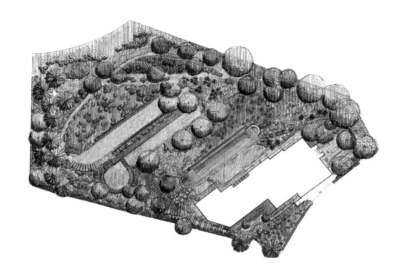

这个庭院的规划及设计充分地利用了地形的优势，通过高差形成的地台及台阶造型与绿色植物有机结合在一起，形成一个独特的整体造型。运用当地的材料砌筑而成的墙体与基地环境融为一体，庭院的景观有如从土地生长而成，与周边环境形成一个有机的整体。庭院中无边界泳池与远处的大海和天际形成一个整体，在水面的反射下，天空与大海连接成一个整体，置身其中大有海天一色的感觉。

Modern Tea Garden 现代茶园洋房

项目地点：英国 伦敦　　　庭院面积：32平方米　　完成时间：2010
设计师：Haruko Seki　　　建筑公司：Clifton Nurseries Ltd　　设计公司：STUDIO LASSO
Location: London, England　　**Courtyard area:** 32 m²　　**Completion time**：2010
Designer: Haruko Seki　　**Construction:** Clifton Nurseries Ltd
Design Company: STUDIO LASSO

景观包括很多不同的方面，如一个地区的历史、地理、地形和社会。在概念设计阶段，我们尊重场地的地方特性，加强地区的特色。

我们所采用的主要方法就是对景观的基本三维要素 —— 光（火）、风、水和土进行设计，并将其形象地表达出来。

通过在空间中加入一些与个人经历相关、深藏在某个人心中的四维元素，如时间和记忆，空间也可以成为一个艺术作品。

在空间营造方面，我们对自然和美感采用了细腻的设计手法。我们志在通过对日式传统庭院的诠释及日式传统庭院的理念和技能的结合，打造出当代景观设计的新典范。

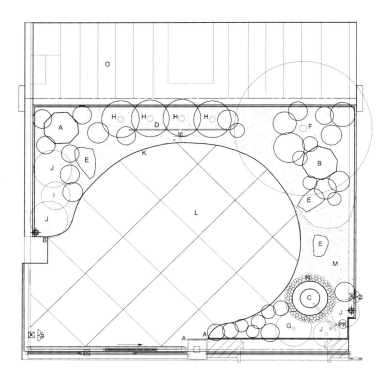

Landfall 登陆

项目地点：爱尔兰 都柏林　　庭院面积：6000平方米　完成时间：2008
摄影师：Hugh Ryan and Ewa Janczy
设计师/建筑师：Hugh Ryan　　设计单位：Hugh Ryan Landscape Design

Location: Dublin, Ireland　**Courtyard area:** 6000m²　**Completion time：** 2008
Photographer: Hugh Ryan and Ewa Janczy　**Designer/Architect:** Hugh Ryan
Design Company: Hugh Ryan Landscape Design

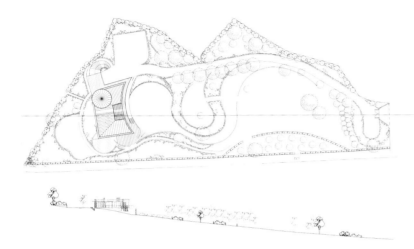

在都柏林湾的南端，Coliemore 渔港安逸地躺在 Dalkey Sound（一条多岩石的海岸线）的怀抱之中，开启了都柏林海湾延绵广阔的景观。就在近海处，正是 Dalkey 岛突出的岩石露头提供了这个天然的庇护所，岛上的圆形石造碉堡十分醒目，在海湾的任何一个地方都可以看到。

海岸线从这里开始，经过邓莱里海港和都柏林海港，最终到达北部的霍斯山——海岸线的最高点。在这个朝向南面的温暖、柔和而宁静的山坡上，你就会发现这个项目，我将其命名为"登陆"。从这里你可以远望另一侧的 Dalkey 岛，想象着你正在看着 1000 多年以前北欧海盗在都柏林登陆时的情景。

在 Sybil Connolly 和 Helen Dillon 写的《一个爱尔兰花园》一书中，Olive Gladys Stanley-Clarke 把 Earlscliffe 形容成了一个"又大又丑的房子"，旁边有一个几乎被忽略了的花园，里面种植了大量的南庭荠和"一棵讨厌的紫红色剑兰"。不过，尽管最初 Stanley-Clarke 还有两个佣人和一个园艺工人，不过最后还是因为资金紧张而卖掉了 Earlscliffe。

Fandango 凡丹戈

项目地点：爱尔兰 都柏林　　庭院面积：190 平方米　　完成时间：2008
摄影师：Hugh Ryan and Ewa Janczy　　设计师/建筑师：Hugh Ryan
设计公司：Hugh Ryan Landscape Design
Location: Dublin, Ireland　**Courtyard area:** 190 m²　**Completion time**：2008
Photographer: Hugh Ryan and Ewa Janczy　**Designer/Architect:** Hugh Ryan
Design Company: Hugh Ryan Landscape Design

住宅位于都柏林山脉附近山麓的一个宁静的住宅区内，在都柏林的西南方，距离都柏林市中心 15 千米。住宅占地 0.5 公顷，始建于 20 世纪 70 年代，我第一次来到这里的时候，住宅正在进行大规模的改造。大体来说，房主对于原来的庭院还比较满意，不过房主对住宅进行改造的很大一部分原因就是希望在住宅与庭院之间建立起新的、更加密切的关系。

庭院基本上是一个正方形的空间（约 190 平方米），位于场地的南侧，随着与房屋距离的加大，地面逐渐升高，插入山腰之中，有两面被房屋包围，另外两面是两米高的挡土墙。原有庭院的地面大部分都用 600 毫米 X 600 毫米的混凝土薄板铺设，不时地用绿化加以点缀，整体效果十分单调，也没有与另一侧的花园建立起真正的联系。在住宅的改造过程中，朝向庭院的两个立面中有一个立面改造成了两层高的玻璃墙，直接将室内的生活区与室外的空间联系在一起。大面积的遮阳板可以阻挡午后炙热的阳光。

因此，目前的问题就是要为室外空间注入活力，把住宅与庭院、庭院与另一侧的花园联系在一起。对于住宅与庭院的联系，我采用的主要方法就是在室内和室外铺设完全相同的地砖，而对于庭院与另一侧的花园和天空之间的联系，我则采用了草坪带和水景。"草坪"带用人造草坪建造，以形成更加鲜明的线条，而且，在当地的条件下，人造草坪比天然草坪的耐磨性要好得多。

相同的地砖将室内和室外融为一体；在空间的深处，地砖成八字形张开，仿佛要露出下面的草地，而同样是在这里，铺设路面的一些间隙中融入了静止的水景，倒映着天空。这种路面布局和派对般的氛围让我想到了一个词：凡丹戈（一种西班牙舞蹈），并用这个词为本项目命名。距离房屋最远处是一个表面被草覆盖的柱基，为人们一共了一个凉爽、方便的座位。柱基的后面是涂有明亮色彩的墙，看上去像是蛋糕上的"口红"。

现在，新的庭院变成了一个明亮、时尚的空间，是户外就餐、放松心情的理想场所，当然，也非常适合举行派对。高科技的音响系统可以为住宅和庭院提供任何适合空间氛围的音乐。我最后一次见到这座住宅的时候，他们正准备在户外建造一个厨房。

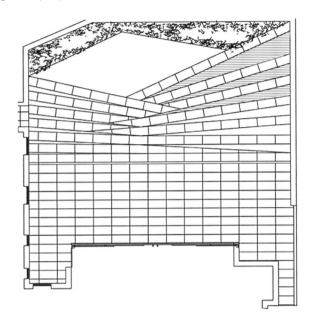

Cleansweep

项目地点：爱尔兰 都柏林　　庭院面积：400平方米　完成时间：2004
摄影师：Hugh Ryan　　设计师/建筑师：Hugh Ryan　　设计公司：Hugh Ryan Landscape Design
Location: Dublin, Ireland　　**Courtyard area:** 400m²　　**Completion time:** 2004
Photographer: Hugh Ryan　　**Designer/Architect:** Hugh Ryan
Design Company: Hugh Ryan Landscape Design

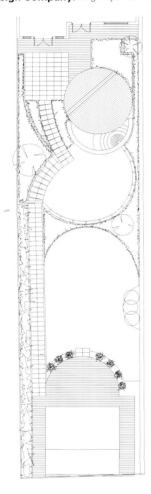

有一个又长又窄的后花园（30 米 X 10 米），地平面比楼面高出约 500 毫米。从中庭的门走下台阶，进入厨房，然后来到一个简洁的长方形区域（路面是铺设的），这里有一些狭窄的楼梯，通往草坪，草坪的两边种植了各种灌木，而灌木的周围则围绕着簇叶丛生的忍冬属绿篱。距离花园还有一半路程的位置有四棵苹果树，除此之外，我们还能看到一个小菜园和一个堆肥区，堆肥区用棚架隐蔽起来，棚架上面还长满了铁线莲。总体来说，花园给人一种温馨的感觉，可以说时至今日仍然是四五十年代郊区花园的典范。不过，花园给人的总体印象比较封闭，也比较小。

客户住在这里已经有 20 年了，现在希望对整个住宅进行一次大的改造，包括立面的翻新和后花园的扩建。这些大规模的改造计划必将打造出一个完全不同的住宅，新住宅更加注重采光、开放空间和房间与花园之间的联系。客户想要更多的空间、更多的新鲜空气和更多的阳光。在功能方面，客户希望花园能够满足他们不同家庭成员的各种需求。客户是一对年轻的夫妇，带着 4 个孩子，两男两女，最大的 21 岁，最小的 12 岁。他们都喜欢在户外就餐和玩耍；日光浴也很重要。他们还希望我在花园中设计一些水景，尤其是可以发出声音的水景。他们都喜欢玩掷飞盘的游戏，最小的男孩喜欢踢球。

花园中最有趣的设计莫过于花园一端的房间 / 花园储藏室，里面配备了一间套房和一个宽敞舒适的客厅，孩子们可以在这里看电视，听音乐或招待他们的朋友；房间的后面是一个宽敞的储藏室和一个自行车棚。客户最初觉得住宅还是设计得隐蔽一些比较好，这样可以保证住宅的私密性，不过后来我跟他们说，这不一定是最好的方式。常规的方案受到挑战时，我们往往可以换一种思维，有时可以达到意想不到的效果。

对于我来说，花园和景观设计与舞台设计十分相似，室外空间可以变成一个剧院，而我们则既是观众，又是演员。在这里，舞台已经有了，我们可以开工了！

Trenton Drive 特伦顿大道

项目地点：美国 加利福尼亚　　庭院面积：0.5英亩　　完成时间：2010
摄影师：John Feldman　　　设计师：Ecocentrix Landscape Architecture
设计公司：ECOCENTRIX

Location: California , USA　　**Courtyard area:** 0.5 Acre　　**Completion time:** 2010
Photographer: John Feldman　　**Designer:** Ecocentrix Landscape Architecture
Design Company: ECOCENTRIX

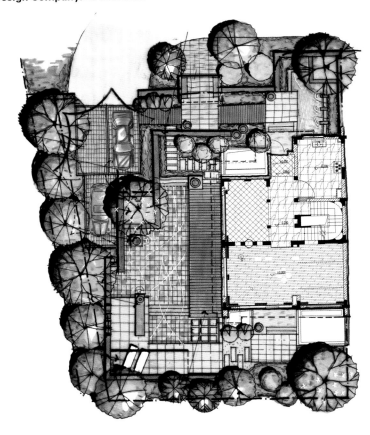

这座殖民复兴风格的住宅位于加州贝弗利山，我们的任务是对住宅的花园进行改造，重新为花园注入活力。我们遇到的最大挑战莫过于要在原有的不规则形状的游泳池周围设计一个轮廓清晰的古典住宅花园。通过采用人字形和网织篮式铺砖的方法，配以其它区域的"X"型铺设方法以及场地的辅助设施，我们将水池打造成了空间的"焦点"。修剪整齐的黄杨和高大的细叶罗汉松种植在花园的周围，包围着其它多种多样的植物。

由于客户要求我们打造出一个古典的花园，因此我们在花园里种植具有"加利福尼亚"特色的植物。在打造这个古典花园的过程中，我们刻意融入了一些现代的方法。清晰的轮廓和独特的造型带领人们来到这个矩形建筑面前。在整个花园的设计中，我们严格遵守对称和轴向交通的原则，以此解决了弯曲的游泳池带来的问题。

碎石路一直通往聚餐花园，在脚下发出悦耳的声音。其它地方采用铺砖的路面，不仅与混凝土路面中草坪植物的接缝处形成对话，而且还与涂黑瓷漆的花盆上的商标相互呼应。

夜晚，树上的灯点亮，形成一幅美丽的图画；月光从树冠洒下，与灯光交相辉映。人行小路上的灯光充足，巧妙而和谐地与行车区的灯光融合在一起，甚至比行车区的灯光还要亮。

铁艺栏杆装点着涂有白涂料的砖墙；格栅、围墙和门都用磨碎的木材打造而成。这些元素不仅反映了这座古典住宅的固有特征，同时也为这座住宅增添了画龙点睛之笔。人造景观与自然景观交织在一起，使建筑充满了古典和传统的气息。

庭院的设计风格在空间形式上采用对称的布局方式突出了古典主义花园的设计语素，开阔的草坪空间及修整整齐的规则树篱共同烘托了这种复兴主义样式的性格。通过细腻的铺装形式及不同区域的铺装手法来展现庭院空间中细节的变化，避免了单调的形式给人的沉闷感。绿色及白色是庭院的主题，这种风格的样式体现了建筑风格盛行时代的庭院特征，是典型的复古式景观设计作品。

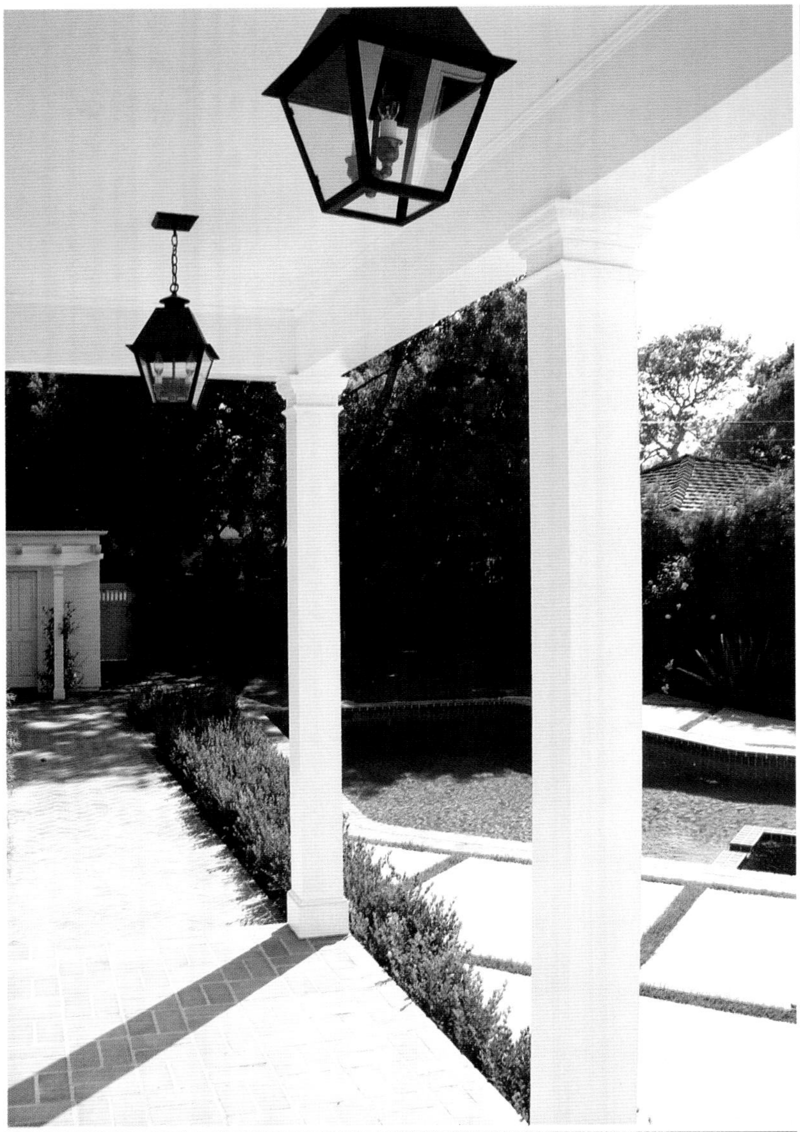

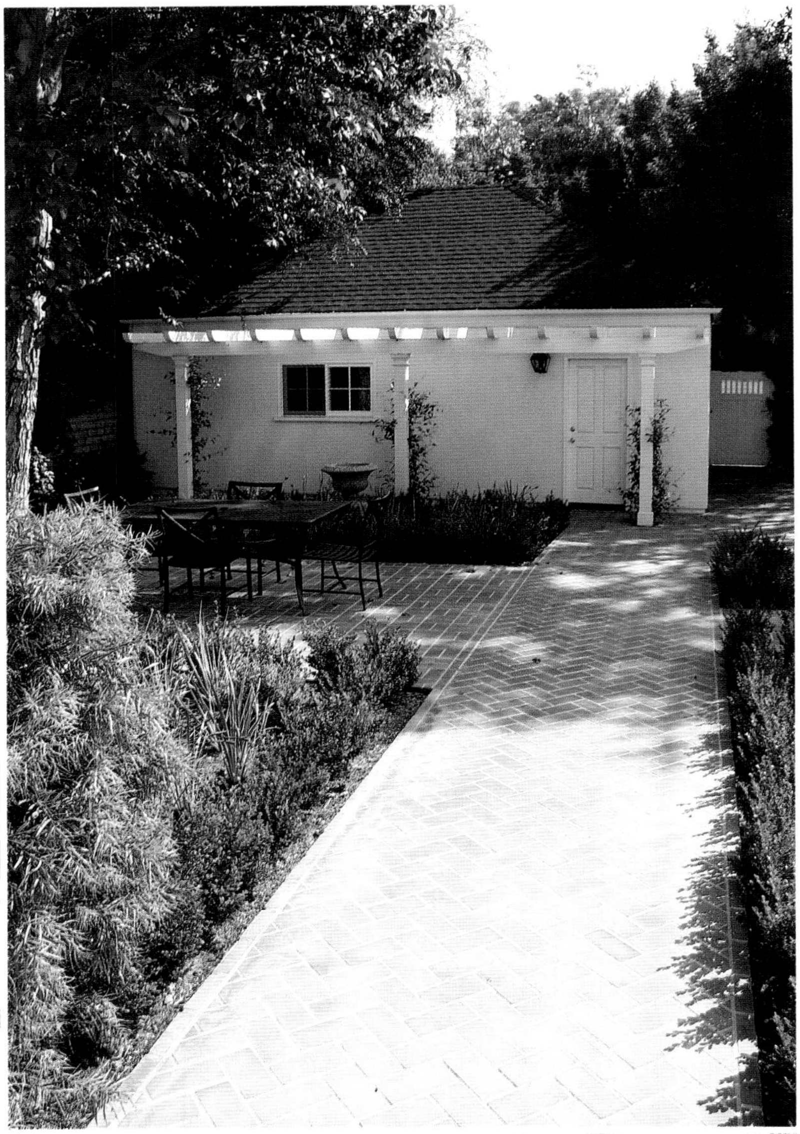

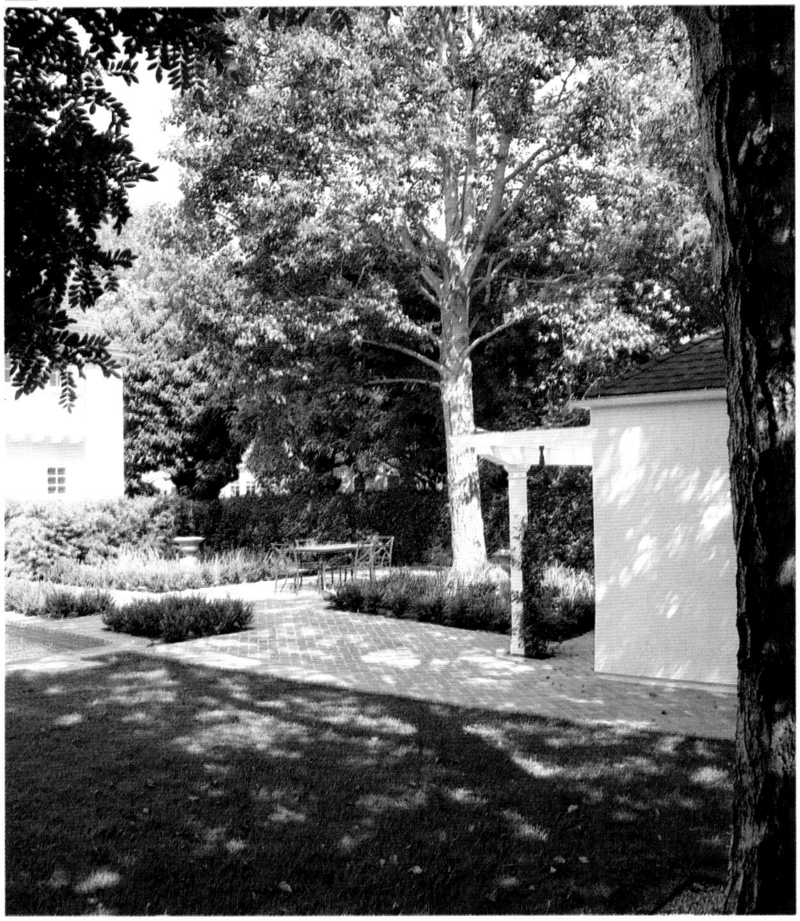

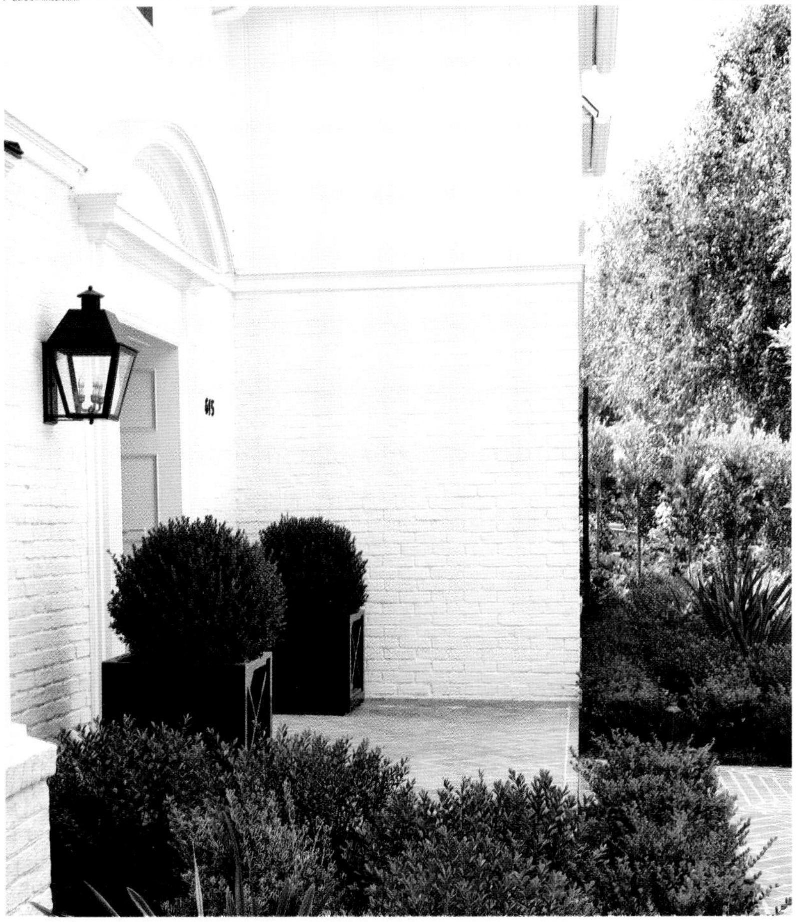

Baywatch 观海

项目地点：爱尔兰 都柏林   庭院面积：580平方米   完成时间：2005
摄影师：Hugh Ryan and Ewa Cieslikowska   设计师/建筑师：Hugh Ryan
设计公司：Hugh Ryan Landscape Design
Location: Dublin, Ireland   **Courtyard area:** 580 m²   **Completion time:** 2005
Photographer: Hugh Ryan and Ewa Cieslikowska
Designer/Architect: Hugh Ryan   **Design Company:** Hugh Ryan Landscape Design

场地面积约 580 平方米，其中建筑面积 166 平方米，宅前花园的面积 153 平方米，侧面走廊 16 平方米，后花园 245 平方米。尽管我要对宅前花园、侧面的走廊、后花园和室内花园进行设计，不过我的总体思路就是把重点放在宅前花园上，因为我认为，这个空间本身就十分突出。尽管是在北面，花园还是能得到充足的阳光。虽然距离海岸只有 7 米，不过住宅所在的位置比较安全；但冬天的暴风雨还是能够感觉得到。住宅的西面和北面都是公路；由于宅前花园比外面的地平面高 1.5 米，前面还有一个两米高的墙，所以保证了住宅的私密性（即使是最爱探听他人事情的路人也很难看到住宅的里面）。

我的基本想法就是把海景引入花园，使场地与周围的环境紧密联系在一起。为了达到这个目的，我建造了不同高度的水景，形成海潮一样起伏的效果。我把水景作为花园的主要特色，同时也融入了开敞空间、运动和反射等海景中最基本的元素。对于我和我的客户来说，复杂性中透露出的简单性成为海景持久的魅力：潮起潮落，呈现出千变万化的色彩和特征。通常情况下，人们只需要看一眼海湾就可以知道现在是什么时间、什么季节，或者是什么天气。

宅前花园 153 平方米的面积中，44 平方米是铺面，24 平方米是绿化和其它，而水景则占用了 85 平方米。

水景分两个高度，两个水池的底面都铺有一层沙子和一些卵石。水通过抽水机缓慢地从下面的水池流到上面的水池，然后又缓慢地流回下面的水池，形成循环的水流，犹如潮起潮落一般。下面水池中的沙子一般不会显露出来，不过随着水从上面的水池渐渐退去，沙子就会露出来，在干燥的天气里，沙子的颜色会在干和湿之间交替变化，增加了一道美丽的风景。我在上面的水池中放置了三块黑色的玄武岩，在我看来，这三块岩石看起来像是帆船或是海洋生物，不过放置这三块岩石的目的是模仿霍斯岬角的景观，它们看起来像是漂浮在水面上，下雨的时候，这些岩石就会呈现出新的样貌，成为黑玉般的镜子。很明显，反射是水的一大特性，在这里，这个特性并没有被忽略，而且还得到了很好的利用。

ALTAR EGO (show garden) ″自我″圣坛（展示花园）

项目地点：爱尔兰 EMO   庭院面积：200平方米   完成时间：2007   摄影师：Hugh Ryan
设计师/建筑师：Hugh Ryan   设计公司：Hugh Ryan Landscape Design
Location: Emo, Ireland   **Courtyard area:** 200 m²   **Completion time：** 2007
Photographer: Hugh Ryan   **Designer/Architect:** Hugh Ryan
Design Company: Hugh Ryan Landscape Design

本案试图表现出象征主义的一些特征。象征主义最初出现于异教徒时期，后来被基督教时期所采纳。现在我们正在步入后基督教时期，（或者至少是后罗马天主教时期），我正在努力通过人们的参与，表达出一种新的意识。

在历史上的一段时期内，人类一直觉得自己在这个星球上很渺小，很微不足道。现在，我们仍然很渺小，仍然很微不足道，而我们当中的一些人还没有完全意识到这一点。尽管人类已经有了很大的进步，但是对一些重要问题的答案，我们还是无从知晓：我们是谁？我们来自哪里？为什么我们会在这里？我们又将何去何从？

在世界上，我们的祖先一直在不同的时间、不同的地点用他们自己的方式来寻找这些永恒问题的答案。在这些探索的过程中就产生了各种宗教，继而在建筑中表现出来。

爱尔兰人也将古墓遗址视为自己的骄傲，如纽格兰奇墓（尽管我至今也不认为我们对古墓所表达的内容非常了解）。

我希望通过孤赏石、水池／圣坛来表达这些思想，并且希望游客来到这里，在这里留下自己的痕迹时，他们可以参与到一种国际性的集体行为中来。世界范围的现代、即时的电子通信对我而言只是一种新的宗教形式，因为我相信，沟通是生活中必不可少的，他会让我们提出更多的问题：我们是谁？我们来自哪里？为什么我们会在这里，将来又会去哪里？我们正在走向什么地方？我们有什么地方可以去？

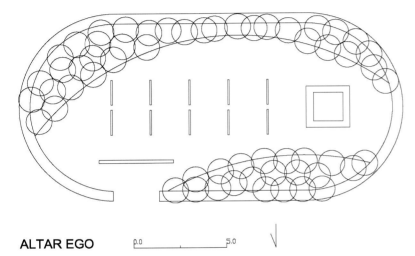

ALTAR EGO   0.0   5.0

运用宗教的建筑形式作为景观的设计元素，突出了设计的目的及用途，在空间中利用竖起的构筑物体作为人们留下痕迹的去处是一个很好的创意，这些物体的表面与参观的人群形成互动的关系，通过这种方法，历史及文化有机地传承下来，并给当代人留下思索的空间，这些都是这个景观项目值得关注的焦点。通过这种设计手法体现了文化及环境可持续发展对景观设计的影响。圣坛及圣水形成景观元素体现了后宗教时代在今天对人的影响，也许人类原始精神的延展才是精神的永恒。

Glencoe Residence, Venice, California

峡谷别墅，加州威尼斯

项目地点：美国 加利福尼亚   摄影师：Benny Chan/Fotoworks
设计公司：Marmol Radziner And Associates
Location: California,USA   **Photo grapher:** Benny Chan/Fotoworks
Design Company: Marmol Radziner And Associates

这个案例的设计体现了庭院设计与建筑及室内空间的统一协调性，这种结果在庭院设计的开始具有很强烈的挑战性，主要是体现在如何在方寸之地保持建筑的内、外空间在生活方式的展现，及所体现的设计理念如何协调和统一。建筑的庭院空间是外绕在建筑周边的狭小空间，建筑的设计形式体现了早期的现代主义设计思潮的建筑形式，建筑造型的体块感强烈，形式感强烈。

项目的前期整体设计是由一家设计公司独立完成的，包含了室内及室外空间的设计，后来单独的景观设计公司介入并密切地配合了建筑设计及室内设计等多个专业工作，最后形成了现在的作品样式。

庭院的景观设计采用视觉冲击力强烈的点、线、面等设计元素作为设计的造型语言，对庭院进行了合理的空间分隔，这些形式在视觉上与建筑造型及室内空间形成了相互的映衬效果，并使得总体环境形成一个相互呼应的整体，庭院的空间成功地规划了一个矩形的泳池和带有户外火炉的餐饮空间，这个餐饮空间与建筑的厨房相连接，保证了室内外空间的相互联通，及生活方式的连贯性。矩形的泳池是整个基地的中心点，它连接了室内空间及餐厅；在庭院中设计师还单独为主人的两个孩子规划了一个供他们嬉戏的空间，并远离泳池空间保证其安全。

总之这个案例的成功之处在于设计师对建筑的内外空间及生活方式的内外联系和贯通的控制，呈现了一个统一而完美作品。

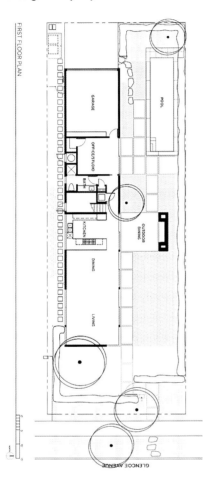

Pamet Valley 帕梅特谷

项目地点：美国 波士顿　庭院面积：400平方米
景观设计师：Keith LeBlanc Landscape Architecture, Inc，Keith LeBlanc, ASLA
建筑师：Kelly Monnahan Design, Boston USA
设计公司：keith Leblanc Landscape Architecture
Location: Boston USA　**Courtyard area:** 400 m²
Landscape architect： Keith LeBlanc Landscape Architecture, Inc.Keith LeBlanc, ASLA
Architects： Kelly Monnahan Design, Boston USA
Design Company: Keith Leblanc Landscape Architecture

只用了与建筑统一的板材形式制造一堵巨大景观墙，只留有中间门框大小连通观景地与庭院内部，景观墙上种植大片蔷薇，既不打扰自然生长的各种野生植物，也将观景效果提升了一个档次。庭院内部以泳池为核心，周围种植鼠尾草等各种颜色形态各异的多年生草本植物及灌木，来衔接泳池与自然。

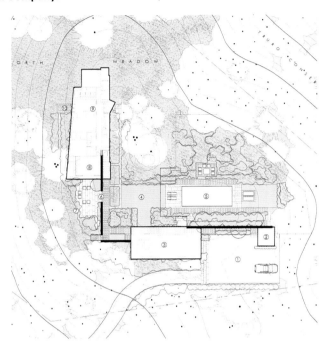

庭院的造型是沿着建筑的边界展开的，由于建筑平面布局是以L型的形式展开，因此庭院成为连接场地及周边环境的一个部分，庭院平面的形式通过建筑平面的延展来限定，并成为基地景观的一个部分；庭院的主要造景与其功能空间的配置紧密相连，这里布置了泳池空间与休息平台两个部分，其铺装材质的分割方式形式统一而富于变化，泳池的周边采用的自然防腐木，比例匀称的条形分隔比例与泳池的造型形成很好的呼应关系，休区的地面采用了矩形的条石铺装，其比例的设置与庭院的总体相一致，并保持围合隔墙的方向一致性，给人以强烈的整体感。

SEQUOIA (show garden) 红杉（展示花园）

项目地点：爱尔兰 都柏林　　庭院面积：80平方米　　完成时间：2009
摄影师：Hugh Ryan and Catherine Ryan　　设计师/建筑师：Hugh Ryan
设计公司：Hugh Ryan Landscape Design
Location: Dublin,Ireland　**Courtyard area:** 80 m²　**Completion time：** 2009
Photographer: Hugh Ryan and Catherine Ryan　**Designer/Architect:** Hugh Ryan
Design Company: Hugh Ryan Landscape Design

我希望大多数人在日常生活的各个方面中都能够重视传统，因为如果没有它，我们就少了一个可以为我们的旅行指引方向的"六分仪"。园艺具有悠久而且辉煌的历史，可以算作人类最早的活动之一。

然而，传统并非是一个静止的现象，要将它发扬光大，就必须使其不断发展。传统经常会与正统甚至原教旨主义混淆在一起，对这个观点，我感到很遗憾。在这个花园中，我想表达很多理念，但是最重要的一点就是，我希望这个花园可以引起人们的注意，并向人们介绍另一种前瞻性的室外空间营造手法，改善我们的城市景观。

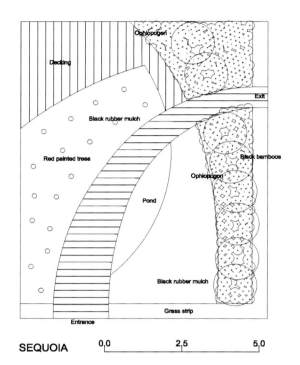

SEQUOIA

| 0,0 | 2,5 | 5,0 |

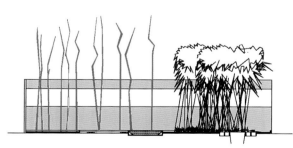

院落空间的组织以设计师的理念展现作为主线，在这个庭院的设计中参观路径的设计与环境之间的关系是以空间构成的手法来实现的，首先庭院的造型元素以一条大的曲线作为空间的参观路径，与传统的设计手法不同的是，设计介入了展示空间的设计手法，对应曲线的庭院围合界面采用了曲面的反射材质，这些反射界面将庭院的景观及天空的变化作为背景，产生了扭曲的视觉效果，人在行进的过程中仿佛进入了时间隧道，时间被扭曲了，延展了时间的空间概念。庭院中摆设的红色树干与黑色的背景形成巨大的反差，在庭院空间中形成了强大的张力，这些装饰与环境形成了艺术品装置的效果。

Ng Residence Ng别墅花园

项目地点：澳大利亚 悉尼　　庭院面积：800平方米　完成时间：2010
设计团队：ASPECT Studios 澳派景观设计工作室, Marsh Cashman Koolloos 建筑设计工作室
摄影师：Simon Wood
Location: Sydney, Australia　**Courtyard area:** 800 m²　**Completion time：**2010
Design Team:ASPECT Studios, Marsh Cashman Koolloos (MCK) Architects
Photographer: Simon Wood

别墅花园设计的成功之处在于设计师巧妙地将室外景观与室内景观进行自然的过渡与融合。室内的铺地一直延续到户外的花园空间。庭院花园选用耐寒、低维护的植物。屋顶的雨水全部都收集起来，并储存在别墅前方隐蔽的雨水箱中。景观选用有质地感的石材，简洁、耐久，便于日后的维护。

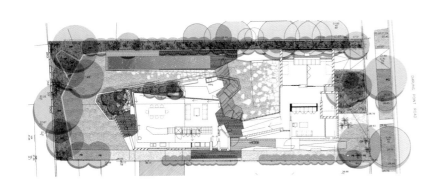

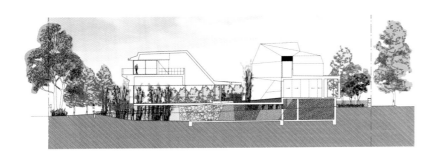

Legacy Home 新新家园

项目地点：中国 北京   庭院面积：60平方米   完成时间：2011
设计公司：北京澜溪润景景观设计有限公司

Location: Beijing, China   **Courtyard area:** 60 m²   **Completion time:** 2011
Design Company: Landscaper-China

简约的南加州风格庭院是本案的特点，庭院的功能空间规划了庭院的户外厨房区，开阔的空间可以提供多功能的活动场地，这里可以为主人提供就餐及休闲娱乐的空间，带有跌水景观的水池是庭院空间的视觉焦点，开放式的廊架将庭院的不同空间加以区分，围合庭院空间界面以新古典主义的装饰手法设计，空间造型简洁明快。

庭院的风格具有南加州及地中海样式的共同特点，主要体现在庭院背景墙上的装饰线条以及开敞的廊架，在这里采用大尺度的装饰线条与室外及室内的装饰手法相呼应，主景墙上的装饰壁炉完全被水景所代替，显得很特别；水池的造型以庭院的中心轴线展开，突出了南加州的特色。地面的铺装及墙面的装饰也突出了明显的风格特征，采用西班牙风格的红色地砖作为庭院的大面积铺装，给人以亲切的感受，庭院中一部分区域采用了锈石作为铺装，突出自然的情调并与总体的氛围相一致。

Between Flowers and Stones 花石间

项目地点：中国 北京　　庭院面积：150平方米　　完成时间：2010
设计公司：宽地景观设计有限公司
Location: Beijing，China　**Courtyard area:** 150 m²　**Completion time:** 2010
Design Company: Kids gardendesign

这是一个 L 型的庭院，庭院内设置了户外厨房，独立的就餐区、水景观赏区和休闲区等几个功能部分，设计风格带有美式乡村的设计特点，总体色调采用了靓丽的色彩作为主色，塑造了阳光妩媚之下的悠闲氛围。

这个案例的庭院中有两个与建筑紧密相连的平台空间，分别位于建筑的两侧，设计师运用巧妙的高差处理，将平台与功能有机地结合了丰富的空间视野，同时满足了实用功能的需求，使得室内外空间之间相互联系，并成为一个有机的整体。

庭院的设计风格采用美式乡村风格与中式传统园林相结合的手法进行设计，在户外厨房及就餐区采用了美式乡村风格的庭院设计语言，白色的木质栅栏及廊架凸显了这种风格的特征，文化石片岩装饰的墙面及地面的锈石铺装突出了这种特征；水景区的跌水造型及驳岸的边界采用了中式庭院的造景手法，用象征自然山水的景观形式，突出自然的视觉效果。

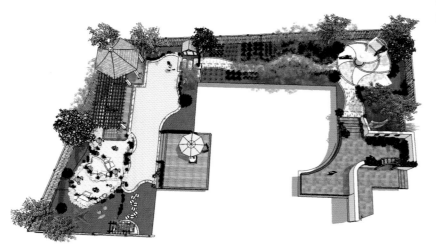

Splay Space 倾斜空间

项目地点：爱尔兰 都柏林   庭院面积：6000平方米   完成时间：2005
设计师/建筑师：Hugh Ryan   设计公司：Hugh Ryan Landscape Design
Location: Dublin,Ireland   **Courtyard area:** 6000m²   **Completion time：** 2005
Designer/Architect: Hugh Ryan   **Design Company:** Hugh Ryan Landscape Design

这座大花园大约 0.6 公顷，位于爱尔兰中部的一个乡村，距都柏林大约两个小时的车程。原来的中庭花园中有一个高出地面的花坛，它并没有将房间和花园联系起来，反而阻挡了房间和花园之间的视线。我的设计彻底改变了这种拥挤的布局，打造出了一个全新的外观。

设计方案远比看上去要复杂的多，这种复杂性加上几何形状的本质特征，打造出了一个迷人的空间。花园在 11 个不同的高度上建造，融合了石铺面、着色硬木铺面、不同高度的水景和一些经过压力处理的着色木材建造的高出地面的花坛。这些花坛倾斜的角度是最重要的设计发明，这种设计有助于使中庭空间变得开敞；较高的水池中倒映着天空，将西方天空的广阔景观引入花园之中。房屋的背面朝向西南方向，直接通向日光浴室的宽敞平台为室外就餐和放松心情提供了充足的空间。较高的水池比平台高 45 厘米，白天，水池倒影着天空的景色；夜晚，水池在灯光的映衬下显得格外美丽。水从上面的水池通过一个石口流到下面的水池中，木板桥穿过下面的水池，将平台和草坪连接在一起。绿化多采用草本植物，因为在冬天的时候，很少会用到这个花园。

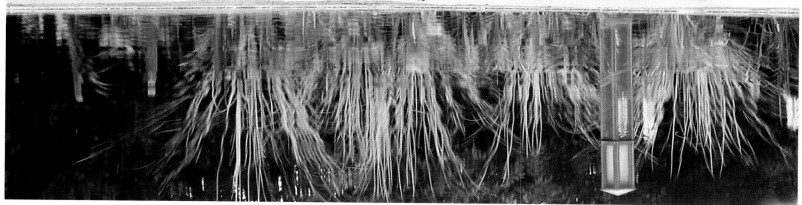

对于开敞的庭院空间而言，区分庭院的边界与周边自然环境之间的关系主要通过不同的景观造型的边界而确立，本案的设计突出了这种关系的重要性；由于庭院的没有明显的垂直围合边界，庭院不规则的斜边所围合成的平面造型形成了鲜明的性格特征，这些不规则的斜线在平面上通过低于视平线的不同高差形成了丰富的立体效果，突出了这些造型内景观的张力，形成了不同形式的取景框，这些造型与周边的自然景观形成了强烈的视觉对比效果，一边是相对规则的几何形式，另一方是没有边界的自然曲线及丛林形成的体块；景观的视觉元素则完全表现了与基地环境相协调的植物及自然景观语素，视觉上给人的感受是既有丰富的细节变化同时又具备整体统一的效果，整体的艺术感染力强烈。

Unfolding Terrace, Dumbo, Brooklyn, New York 伸展的平台，纽约布鲁克林

项目地点：美国 纽约　庭院面积：400平方米　设计公司：TERRAIN-NYC,INC
Location: New York,USA **Courtyard area:** 400 m²
Design Company: TERRAIN-NYC,INC

本案是一个融入城市景观的屋顶花园，花园的设计理念充分考虑了其所在城市的文化特色以及基地周边工业化建筑历史的影响，将建筑文化渗透于庭院文化之中，并通过一系列的连续折叠的界面将不同的功能元素有机地组织在一起，形成诗一样的韵律效果。

花园主人建造的建造目的是为了将城市的生活方式与庭院的设计哲学及城市的文脉有机结合在一起，并能为各种聚会及活动提供开阔的场地，同时具有一定的私密空间从而满足个人生活空间的私密性。使得庭院花园既有独自的个性同时也成为该街区的城市景观独特的一部分，融入到周边的环境之中不与该区域的城市景观框架相冲突。

屋顶花园的空间是将不同功能区域的平面视为一个连续的表面，将其折叠起来，并成为空间中的纲领来组织的，形成一个流动式的空间体验模式。运用空间的照明设计来延伸的露台生活时间，将夜间的露台空间激活并使之转化为景观。运用线性的灯光将不同高差的界面边界照亮，即提示安全，同时将不同空间区域的轮廓照亮。

花园的种植采用了可持续发展的设计理念，在日照充足的场地种植了耐旱物种，包括本土的植物的调色板，色彩如调色板一样丰富多彩。天然的白桦树丛为背景的景观墙装饰起到了加强的效果。在阴影区的一个 fernery 增添了多样性。作为一个屋顶甲板，这个项目是完全的结构构造。一系列的稳固种植技术及量身定制的低水灌溉系统的安装，很好地保证了花园生态系统的良性运转。

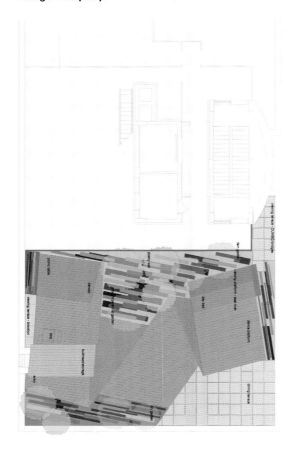

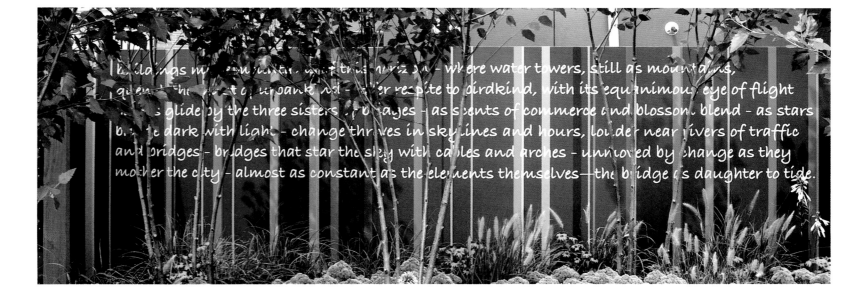

Urban Play Garden 城市游乐花园

项目地点：美国 加利福尼亚　　庭院面积：350平方米
景观设计师：Eric Blasen, ASLA, Principal，Silvina Blasen, Gary Rasmussen
建筑师：Tim Gemmill, Gemmill Design
设计公司：Blasen Landscape Architecture
Location: California，USA　　**Courtyard area:** 350 m²
Landscape architect: Eric Blasen, ASLA, Principal，Silvina Blasen, Gary Rasmussen
Architect: Tim Gemmill, Gemmill Design
Design Company: Blasen Landscape Architecture

花园层的重点是冒险游戏，用各种方法将场地具体化、多样化。简单的一个坡化为三个部分：草坪部分可以供孩子攀爬翻滚也不至于受伤，中间部分供家长行走，而石质滑梯——在公园里最受瞩目的娱乐项目，现在，近在咫尺。有效利用坡下三角区域作为沙坑，既提供了孩子游玩空间，也进一步保障了他们的安全。木制桌椅在不打破环境的和谐下，也为家长提供了休息及照看孩子的地方。

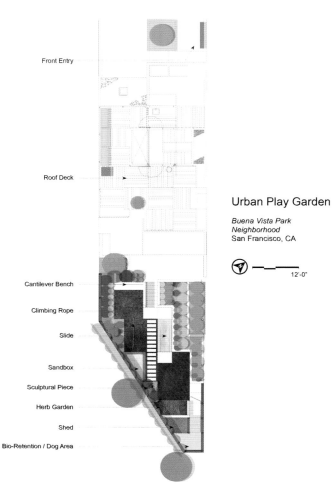

Front Entry

Roof Deck

Urban Play Garden

*Buena Vista Park
Neighborhood*
San Francisco, CA

12'-0"

Cantilever Bench

Climbing Rope

Slide

Sandbox

Sculptural Piece

Herb Garden

Shed

Bio-Retention / Dog Area

利用场地的高差并通过不同的通行方式来设计庭院空间是这个项目的亮点,大尺度的落差既是这个庭院的突出难点,也是这个方案的成功亮点。设计师处理高差是为了避免过高的落差给人行进产生疲劳感,将情趣与不同的行进体验融入其中,这就是滑梯元素的应用,这些庭院的组成因素很大程度上突破了传统的设计理念,将一个陡坡处理成充满活力的空间。带有户外壁炉的生活空间是紧邻建筑的室内空间,方便主人使用。狭长的庭院空间因为高差一分为二,连接高差之间的过度空间成为庭院的中心,并将两部分不同功能的场地有机联系在一起,活跃因素的使用(滑梯)也突出对不同使用人的细节关爱。

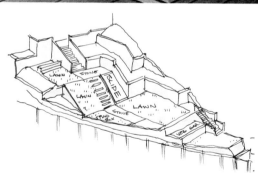

West Adams Residence 西亚当斯住宅

项目地点：美国 加利福尼亚   庭院面积：1/4英亩   完成时间：2002
摄影师：John Feldman   设计师：Ecocentrix Landscape Architecture
设计公司：ECOCENTRIX

Location: California，USA   **Courtyard area:** 1/4 Acre   **Completion time:** 2002
Photographer: John Feldman   **Designer:** Ecocentrix Landscape Architecture
Design Company: ECOCENTRIX

客户希望我们将花园打造成法国公园的风格。由于花园的空间没有大多数法国公园宽敞，所以我们设计了一个狭窄的 40 英尺长的倒影池、一些造型绿篱和连续的户外房间。通过月桂树等绿篱植物形成的生态拱门可以进入花园。花园的小径中不时会有一些碾碎的贝壳和一些风化的花岗岩。

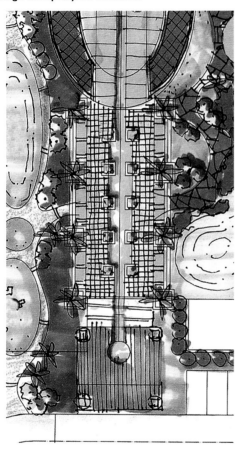

Beverly Villa 比华利别墅

项目地点：中国 上海市　　庭院面积：350平方米　完成时间：2011
设计公司：上海朴风景观装饰工程有限公司
Location: Shanghai，China　**Courtyard area:** 350 m²　**Completion time:** 2011
Design Company: shanghai pufeng landscape design project co.,ltd

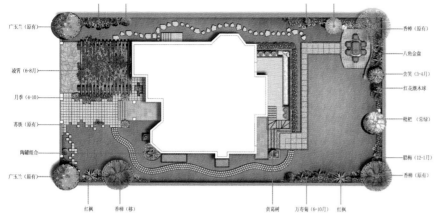

广玉兰（原有）
凌霄（6-8月）
月季（4-10）
苏铁（原有）
陶罐组合
广玉兰（原有）

香樟（原有）
八角金盘
含笑（3-4月）
红花继木球
枇杷（常绿）
腊梅（12-1月）
香樟（原有）

红枫　　香樟（移）　　　　黄葛树　万寿菊（6-10月）　红枫

这是一个独栋别墅的庭院项目，花园环绕建筑四周，有一个下沉庭院和三个地上庭院组成；庭院的设计风格采用了美式乡村的风格特色。

庭院花园的入口区是由开阔的硬装场地和宽大的廊架构成，视野开阔而明亮，架下种植凌霄代表吉祥的寓意，具有鲜明的中国传统特色；庭院的四周用绿篱围合，这样保证了花园内空间的私密性。大面积的草皮是花园空间的主要装饰界面，这样保证了室外空间视野的开阔感，保证主人在室内空间向外观看时的视野通透性。

庭院的场地边界的相互连接是通过低矮的草本植物及灌木加以分隔，柔化边界的生硬感，并形成层次丰富的过渡效果。入口区的场地铺装和与之相连接的自由造型路径的铺装色彩统一，采用同一种材质铺砌但分隔方式各不相同，这样形成了统一而变化的视觉效果。花园内不同功能区域使用的装饰材料肌理和质感相似，这样突出了总体的统一感，运用不同肌理和不同尺度单元的装饰材料使得整个庭院的细节丰富而细腻。

Paysage Impression Villa Landscape Design, Hangzhou 杭州山湖印别墅项目景观设计

项目地点：中国 杭州　　庭院面积：1800平方米　　完成时间：2010
设计公司：澳斯派克(北京)景观规划设计有限公司
Location: Hangzhou, China　**Courtyard area:** 1800 m²　**Completion time:** 2010
Design Company: Abj Landscape Architecture & Urban Design Pty., Ltd.

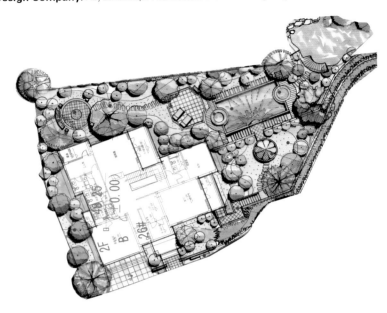

项目位于浙江省临安市青山湖西岸,西依原生态森林,东临灵气汇聚的青山湖,坐拥优势临湖资源,距临安市区3千米,距杭州38千米。

本项目定位高档独立式住宅区,本着"品质为先,创造价值"的理念,全力打造具有优良人居环境的高档社区。

定位为以小见大,精雕细琢的设计风格在均质的空间中通过开合有致的变化创造独特景观区域与建筑的厚重感互为补充,营造出轻松简洁的氛围。针对该区的不同特点,制定了5个设计主题北美园——奔放、自由;日本园——宁静、禅意;欧洲园——尊贵、典雅;东南亚园——细腻、活力;自然园——生态、惬意。

运用场地高差形成的台地造型作为不同功能区域的区分界面，在墙面上采用天然的条石装饰彰显自然而精致的性格特征，同时突出日式庭院静谧的禅意。花园地面铺装白色沙石，寓意山水，是典型的日式庭院设计语言。庭院中采用了大面积天然石材作为装饰饰面，这些元素是庭院空间能够得以统一的主要动力。装饰材料的规格划分及尺度大小与其所在的空间区域协调而统一，这些细部的构成方式突出了设计的细腻感，使得整个庭院空间看上去起来更加精致。

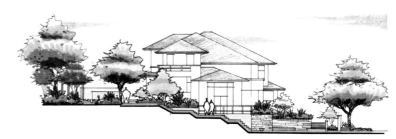

Greening Planning for NAK Life Club 茂顺生活会馆绿化规划

项目地点：中国 台湾   完成时间：2009   庭院面积：1400平方米   设计公司：米页设计
Location: Taiwan，China   **Completion time:** 2009   **Courtyard area:** 1400 m²
Design Company: Miilet design

工业局为加速推动工业区环境绿美化作业，提升工业区整体环境质量及改变邻近乡亲观感，工业局于2007年12月13日于台中工业区盛大举办"2007年度工业区绿美化暨技术辅导成果观摩研习会"，会中除颁奖表扬推动工业区绿美化作业绩效卓著之厂商及就近参观绿美化绩效卓越厂区外，另亦邀请绿美化及景观专家进行专题演讲，借由观摩活动及经验交流，加速各工业区绿美化作业之推动，对于提升工业区形象具有极大帮助。

工业局表示，为提升工业区环境质量及改善民众对工业区之观感，该局自1989年间即积极推动工业区绿美化作业，早期借由地域规划（滨海型或内陆型）及苗木提供等措施，增加工业区绿化面积；而近年来，则借由选定部分工业区推动景观美化作业，将原本的工业区植树绿化提升为工业区整体景观营造；目前更与工业区更新再造作业相结合，借由工业区景观改造、产业自主更新（如观光工厂）及产业群聚方式，将传统工业区转型为景观园区，缩短民众与工业区间的距离。

工业区推动绿美化迄今，业以表扬及鼓励多家厂商，2007年度经评鉴夺得绿美化第1名的茂顺密封组件科技股份有限公司表示：公司从创业至今，一直对厂区绿美化相当的重视，除希望给区内员工一个美好的工作环境，并希望借此抛砖引玉，希望其它厂商能够参考，一起为工业区环境美化，尽一份绵薄之力。

Cottage Villa, Nantou 南投农舍别墅

项目地点：中国 台湾　　庭院面积：5600平方米　完成时间：2007　　设计公司：米页设计
Location: Taiwan，China　**Courtyard area:** 5600 m²　**Completion time**：2007
Design Company: Miilet design

采取现代日式风格设计，简约中带有禅意，陈设出具有人文气息的空间。

入口迎宾车道两侧利用天然磊石而成的花台，让石缝间透露出绿意，更衬托出花丛间的多层次。后院主要规划了绿荫散步道、烤肉休憩平台、果树区、菜圃区、儿童游戏区，让居家休闲有更多的活动私密空间。

中庭规划则采日式庭院风格，主要以黄蜡石、白卵石、版岩石踏板、槭树、松柏等元素构成。

阳光草坪主要强调出开阔的视野，让各种大型乔木以围塑边际为作用。

会馆大水瀑，巧妙地运用地下室开挖的高低落差，设计出与世隔绝的水景内庭。

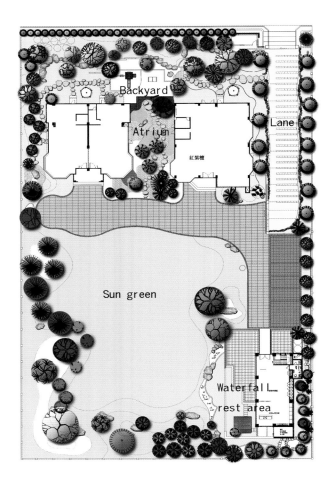

庭院花园由三部分组合而成，分别是中心花园、后花园、带有休息平台水景的阳光草坪花园。在风格特征上属中心花园部分最显精致，这里由大面积的沙石铺装寓意开阔的水域，与庭院中的其它真水相呼应，形成了虚虚实实的对比效果。庭院中以水为主要表达主题，并通过不同的形式加以体现，采用片岩制作而成的汀步与细沙石体现了水的静谧。黄蜡石材质的表面所体现的肌理也充满了水的晶莹效果。地面上由绿色植物围合而成造型，象征了河湖中的岛屿，暗示开阔的自然场景。下沉庭院中的大型跌水瀑布成为这个空间的主要景观，采用静水的处理手法突出了禅意空间的氛围。

花园的边界用自由的曲线作为界面的造型，突出了柔美的一面，与水的主题及禅意空间的设计意境相呼应，曲线所形成的边界张力与植物的造型相互对应，避免了生硬感。花园中采用开阔的草坪作为主题，突出了空间的空旷感，这些形式与场地周边的环境形成了良好的对应关系。利用植物的高低搭配形成的层次关系来增添景观环境中的视觉冲击力，这些景观的造型以开阔的空间为背景，为花园添加了形式多样的韵律感。

Sheshan Golf Villa 佘山高尔夫别墅

项目地点：中国 上海市　　庭院面积：350平方米　　完成时间：2009
设计公司：上海闽景行园林绿化工程有限公司
Location: Shanghai，China　　**Courtyard area:** 350 m²　　**Completion time:** 2009
Design Company: Shanghai Minjingxing Gardening Engineering Co., Ltd.

此别墅是位于佘山风景旅游区的独栋别墅面积 350 平方米。别墅前为一条景观河，为很好的利用河边的景色，并满足人们亲水的要求，在河边设计亲水的景观桥，不仅可以满足主人的功能需求，而且还具有很好的观赏性。庭院中采用大面积的草坪，搭配简单的、观赏性较高的乔灌木，不仅美观，而且便于打理。庭院主要的功能区域即门前的的休息平台和河边的景观亭。在夏日的傍晚，主人可以边休息边欣赏河上的美丽景色，不失为一个很好的选择。

利用花园场地的高差做硬性的景观处理丰富视觉的空间层次，有机地组织不同参观路径，增加不同的景观视角可以为花园的观者提供新鲜的体验感，并形成不同的空间感受，这个案例有效地利用楼梯元素作为转换场地的节点，采用不同形式的楼梯丰富空间的造型，结合场地的条件及周边的环境形成独特的景观节点，是这个案例的突出特征。

花园的设计风格与建筑的样式统一而协调，延展至庭院中的造型元素采用了地中海式的设计语言，红砖压顶的做法及木质亭子造型手法均体现了这种风格的突出特征。

Rockery & Waterscape, Yuehu Villa 月湖山庄假山水景

项目地点：中国 上海市   庭院面积：1500平方米   完成时间：2011
设计公司：上海淘景园艺设计有限公司
Location: Shanghai, China   **Courtyard area:** 1500 m²   **Completion time：** 2011
Design Company: Shanghai Taojing Garden Design Co.,Ltd

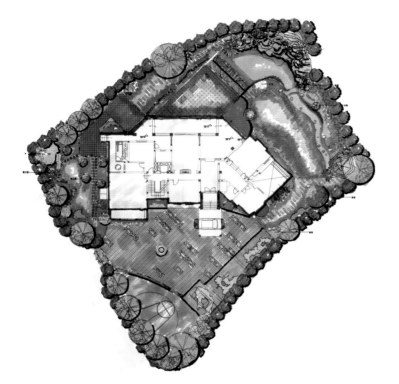

这是一个独栋别墅的庭院，建筑的风格样式呈现了新古典的风格特征，典雅而大气。花园的设计突出了建筑的主要性格特征，并体现简约、明快及温馨的生活氛围，设计主要特点如下：

1. 以简约、大气的表现手法承托花园入户区的空间气势。

2. 花园大面积的草坪、叠水造景、活动空间，等构成主要视觉元素，并以此来表现多变的庭院空间层次。

3. 花园的空间层次主要通过植物的疏密搭配、不同时节的色彩变化及简洁的造型来实现，以植物的造型来突出浪漫、亲切的主题空间。

4. 运用自然的造景手法塑造的庭院景观气势庞大，细节处理细腻而丰富。

庭院的入口区由硬质大理石铺装而成，空间的视野开阔，总体风格与建筑的外立面相协调，统一感强，突出了典雅大气的性格特征。

花园用大面积的草坪作为建筑主要室外景观空间，考虑了室内外空间之间的相互对应关系，保证了整体大气、简约的特征，保证室内外空间视野的开阔感；宽阔而平坦的草坪为欣赏建筑外观供了驻足的场地，避免建筑给人形成的压抑感。花园内的边界空间采用高低搭配的植物装饰形成优美的边界轮廓线，丰富了空间的造型。这些处理手法体现了设计师对材质及空间处理的娴熟技艺，使得不同庭院装饰元素之间的衔接与过渡自然而柔和，没有生硬之感。

水景的叠石与跌水设计厚重而典雅，驳岸的卵石堆砌呈现的自然状态与边界的植物搭配野趣横生，水景边上的汀步很好的引导了人的视线，行进在其中，给人以曲径通幽的感觉，叠水造型即具有中国山水式的典雅，同时增加的潺潺流水之音也为庭院添加了另外一个层次的感官体验，丰富了庭院的欣赏角度。由天然石材精雕细刻的石桥小巧精致，突出了院落主人的修养及审美。

East Town Landscape 东町庭院

项目地点：中国 上海市　　庭院面积：200平方米　　完成时间：2010
设计公司：上海东町景观设计工程有限公司

Location: Shanghai，China　**Courtyard area:** 200 m²　**Completion time:** 2010
Design Company: shanghai east town landscpae design engineering co;ltd

庭院设计时主要是考虑到在很小的面积内展现更好的设计元素，所以庭院在造景时考虑到怎么把这些需求做好是最主要的，这个庭院和一般家庭的庭院相比有其独特之处。

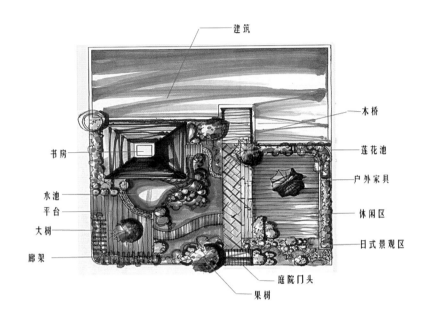

建筑
木桥
书房
莲花池
户外家具
水池
休闲区
平台
大树
日式景观区
廊架
庭院门头
果树

庭院的四周采用茂密的绿化和装饰隔断与邻里之间形成视线的遮挡；小面积的水域内种植了茂密的水生植物丰富庭院的视觉效果；装饰造型及水生植物的搭配尽显东南亚的装饰风格；运用简约的设计手法营造的氛围静谧、典雅。装饰材质的搭配与庭院空间的设计主题紧密联系，清新而稳重，景观的细部设计节奏感丰富，层次分明，总体统一而协调。

Landscape Design for the Private Garden of Lakescape No.1 Mansion , Dongguan

东莞市湖景壹号庄园私家庭院园林景观设计

项目地点：中国 东莞　　庭院面积：8115平方米　　完成时间：2010
设计公司：广州·德山德水·景观设计有限公司
　　　　　广州·森境园林·景观工程有限公司

Location: Dongguan，China　**Courtyard area:** 8115 m²　**Completion time:** 2010
Design Company: Guangzhou · Mountain & Water · Landscape Design Co., Ltd.
Guangzhou · Woody Garden · Landscape Engineering Co., Ltd.

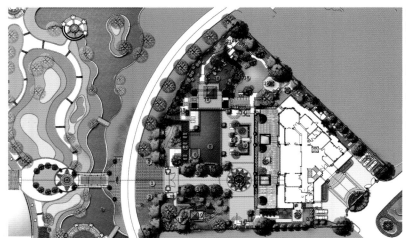

这是一个面临湖岸的独栋别墅庭院案例，庭院平面是一个扇形，建筑面向水岸展开设计并形成一定的夹角，立面造型的样式突出了新古典主义建筑风格特征；花园的风格定位协调了建筑样式与周边环境的关系，突出庭院景观与建筑空间、基地内大环境的连接作用，使得庭院成为总体环境的一个部分。

庭院的空间组织特点突出，运用轴线作为设计的主线，连接室内空间与花园空间之间的关系，这种设计手法突出了古典主义的风格特征；在空间的规划中设计融入了东方园林的造型形式，活跃了空间的氛围，形成了规整与自由的强烈对比。庭院平面布局充分考虑主人的行进路线与环境之间的关系，通过合理的规划避免了建筑平面转角空间形成局促感，并促成庭院中移步换景的视觉效果，本案的特点还在于运用轴线所形成的空间效果并非是对称的形式，而是通过对视线及参观动线的组织形成了丰富的变化，自由的形式组合与中式的造景及建筑基地的周边环境融为一体。

庭院分成两大部分，面向湖区的生活及观赏休闲庭院与入户区庭院景观部分。入户区景观考虑到停车的功能，以硬质铺装为主，在面向建筑主入口的部分设计了水景墙用来阻挡户外道路对主人视线的影响，其设计手法简洁大气，与建筑的设计风格相协调。在后院内设置了大型的水景空间，一部分观赏的水景空间内放养了锦鲤，体现了主人的高雅情趣，水池的驳岸采用天然的石头造景，映衬的水池造型自然而清新。这些别致的景观组织与室内空间的关系被安置与一条轴线之上，内外环境融会贯通并起到借景的作用。

Golf Chinese-Style Villa, Beijing 京都高尔夫中式别墅

项目地点：中国 北京　　　庭院面积：600平方米　　完成时间：2010
设计公司：北京翰时国际建筑设计咨询有限公司
Location: Beijing，China　　**Courtyard area:** 600 m²　　**Completion time：** 2010
Design Company: A&S International Architectural Design & Consulting Co.,Ltd

这是一个体现中式风格的别墅项目，项目的总体环境以私密、安静为特色。花园的面积狭小，围绕建筑而成，四周被高大的院墙包围，私密性很好。庭院的设计采用了简约的设计风格，总体色彩采用黑白，大面的围墙用白色的涂料粉饰，保证了空间的靓丽，给人的视线形成开阔而敞亮的效果；墙面的底部采用青砖装饰与地面相连接，抬升了地面的界限，丰富了场地的围合感，并使空间的总体感加强；地面上采用硬质铺装和草坪作为装饰。突出空间的空旷感觉，高大的植物以孤植的方式栽种，形成了禅意的意境，方形的水景边界也采用了墙砖来砌筑，边界清新而细腻。庭院设计通过这些手法突出了清新典雅的氛围，避免了因空间狭小造成压抑感。

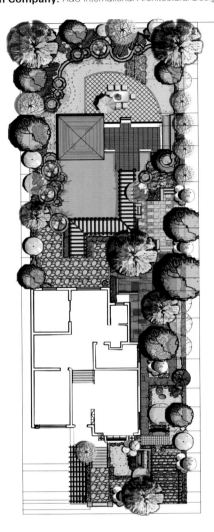

Junlin Zijin Villa, Nanjing 南京市君临紫金别墅

项目地点：中国 南京　　庭院面积：80平方米　完成时间：2010
设计公司：京品庭院–南京沁驿园景观设计
Location: Nanjing，China　**Courtyard area:** 80 m²　**Completion time**：2010
Design Company: Nanjing QinYiYuan Lanscape Design Co.Ltd

一个带有中国古典园林特色的庭院花园设计项目，在方寸之地营造带有中国文化特色的作品。

在这个案例的设计中，充分结合了建筑设计的特点，将庭院围墙与建筑的外墙作为空间设计的围合界面，根据不同空间的尺度设计景观的形式，突出简洁明快的性格特征。庭院造景的手法采用中国传统文人山水画的构图方式，在临近室内主要空间的部位设计了叠山的造景，山石的构图完全采用了传统绘画的风韵，体现了灵气、秀美的特点，叠山的旁边运用竹林作为陪衬，叠石与水潭相接构成了一幅美丽的山水画作品。白色围墙作为背景，衬托出景观的小巧及秀美。

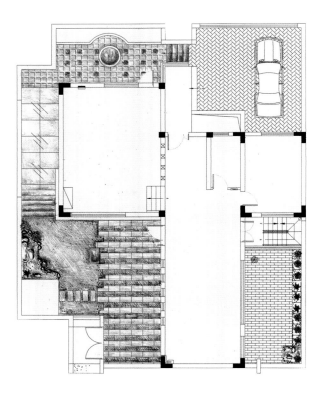

私家花园

Portland 波特兰

项目地点：中国 北京   庭院面积：260平方米   完成时间：2011
设计公司：北京陌上景观设计有限公司
Location: Beijing，China   **Courtyard area:** 260 m²   **Completion time:** 2011
Design Company: Beijing Msun Yard Landscape Design Co,.Ltd

本案的庭院设计以自然的设计手法再现返璞归真、粗犷的景观环境。庭院采用火山石作为硬装材质，这些元素所体现的肌理感突出乡村风格的特征，细的沙石铺地与碎拼的火山石小径呈现规整的自由形态，活跃了庭院空间的氛围；庭院设计与主体建筑空间之间具有良好的对应关系，统一感强，突出了典雅的气势。经过精心种植的灌木作为建筑外墙与庭院草地之间的过渡元素，不同区域的过渡变得自然而亲切。

花园用大面积的草坪作为室外景观空间，考虑了室内外空间之间的相互对应关系，保证了整体大气、简约的设计风格在室、内外之间的衔接与过渡；在视线上大面的草坪为建筑在室外空间提供了欣赏建筑本身的场地空间，并保证建筑不至于对人产生压抑感，空旷的庭院场地设计考虑了场地空间中建筑与庭院的视线关系，采用高低搭配的植物丰富了空间的立体层次，使得建筑在不同的角度都有丰富的背景作为映衬。

在花园内不同区域的边界处理上体现了设计对材质细节处理的娴熟技艺，不同尺度的铺砖材料搭配变化丰富，衔接与过渡自然而柔和，没有生硬之感，造型层次上富于变化。

Napa Invime 纳帕尔湾

项目地点：中国 北京   庭院面积：120平方米   完成时间：2011
设计公司：北京陌上景观设计有限公司
Location: Beijing，China   **Courtyard area:** 120 m²   **Completion time**：2011
Design Company: Beijing Msun Yard Landscape Design Co,.Ltd

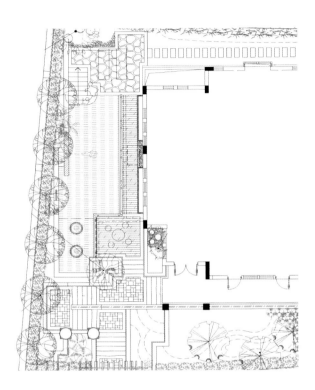

庭院的设计以简约的设计手法呈现，在总体感觉上与建筑的设计风格相协调一致，院内的面积并不是很大，过多的装饰元素及大尺度的景观设置都会形成压抑感，使院内感到拥挤，采用放松的手法来设计是这个案例成功的原因。庭院内设置了紧邻建筑的休息平台、观赏植物区、农耕作物区。采用大面积的草皮作为装饰，紧邻建筑的露台采用暖色的防腐木作为装饰，给人以亲切感。与邻里之间的间隔采用红砖精心砌筑而成，隔墙的花式砌筑手法既阻挡了视线，具有透气的作用，呼应了周边的环境。院内的小径铺装细致而富于变化，表面粗糙的肌理感充满了返璞归真的气质，细腻的铺装图案使人感到亲切，充分体现了乡村式花园景观的特色。

Dragon Bay 龙湾

项目地点：中国 北京　　庭院面积：150平方米　　完成时间：2011
设计公司：北京陌上景观设计有限公司
Location: Beijing，China　**Courtyard area:** 150 m²　**Completion time:** 2011
Design Company: Beijing Msun Yard Landscape Design Co,.Ltd

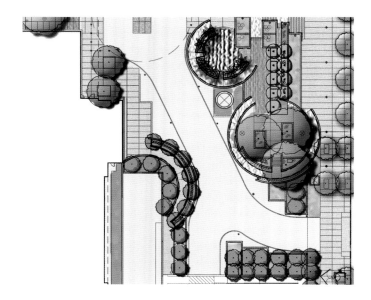

本案在总体规划中充分结合庭院空间尺度，对庭院空间的不同装饰元素进行了合理地搭配和组合，将入口及路径的形式做了简单的调整，使得庭院看上去规整、有序。庭院内的视觉设计统一而富于变化，打破了狭小空间容易形成的压抑感。通过对庭院的细节精心处理，院内的造型层次变化丰富，总体形象小巧而别致，空间气氛别有洞天。

生动感是进入庭院的最大感受，首先源自对空间节奏的规划和把握，运用开、合、收、放的景观空间处理手法作为这个庭院空间节奏的主线，将庭院入口区的路径变成折线的形式，结合地面铺装的形式变化丰富视觉层次，引导人的视线进入到下一个空间范畴。在庭院四周的界面种植竹子及相对高大的树木形成了绿意葱葱的效果。庭院中心布置了日式的水景造型，采用整体石材雕琢而成，粗犷而自然，驻留于庭院之中可闻汨汨突泉之音，这些手法营造出清新宜人的空间气氛。

本案设计的经典之处在于利用庭院有限空间创造出丰富的变化，营造出精致宜人的庭院生活氛围；通过合理空间规划将景观的造型元素与视觉构图有机结合，空间展现出的玲珑、精致的细节给人以意外惊喜。

Noble Mansion 燕西台

项目地点：中国 北京   庭院面积：140平方米   完成时间：2011
设计公司：北京陌上景观设计有限公司
Location: Beijing，China   **Courtyard area:** 140 m²   **Completion time:** 2011
Design Company: Beijing Msun Yard Landscape Design Co,.Ltd

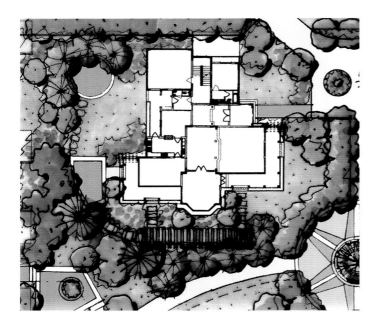

用绿意盎然来点缀或改善空间的环境是庭院设计比较奏效的设计手法之一，这个案例的室外空间并不富裕，设计师采用了精致的设计手法与空间巧妙搭配，起到了意想不到的效果。首先体现在场地绿化面积的规划上，这个院落的场地狭长缺少开阔的空间，建筑与场地之间的距离比较近，容易产生压迫感。该案的绿化设计采用了收放结合的设计手法，将庭院的围合空间分成封闭及开放两种形式，并充分考虑季节的变化对景观环境的影响，采用花篱作为围墙的一个部分，这样围墙在视觉上既通透，又在不同的花季形成色彩上的变化，给人以时间变化上的提示。在与邻里分隔的位置采用封闭的围墙，保证空间的私密性；利用这些围墙作为景观的背景，设计了日式的景观，给人以清新、雅致的感受。

庭院的设计充分考虑色彩的调和与搭配，运用深褐色的木质材料作为庭院装饰的主色调，与建筑的主题色彩相协调，保持其统一性，并给人以温暖、亲切的感觉；在户外休闲空间区域采用木质的装饰作为空间限定的界面，尺度适宜营造了温馨浪漫的气氛，种植在该区的爬藤及花草凸显了乡村风格的设计特点，自然而清新，给人赏心悦目感受；户外采用深色的家具，在色彩上凸显沉稳、宁静的氛围，这些装饰元素与周边环境的色彩融为一体。

TEKAL

项目地点：哥斯达黎加，圣塔埃琳娜　　庭院面积：71平方米　　完成时间：2009
摄影师：Jordi Miralles
Location: Santa Elena Costa Rica　**Courtyard area:** 71 m²　**Completion time**：2009
Photographer： Jordi Miralles

多种族和多文化的混合给予它开放而丰富的表象形式；热情强悍而又淳朴随性的精神内涵，接近狂妄，却又实实在在的简单，并且快乐！喜欢禅意却有托斯卡纳的建筑风格的家，让人有种对午后惬意阳光的依恋；这里是乡村，简朴的，但更是优雅，禅意的。与大自然的有机组成，反映了这片庭院的渊源。出名的午后阳光，金色的土壤，浓绿的果林，菜园，小溪，和浅绿的海棠果园，更有深色的红宝石光泽的香醍酒和鲜红的番茄，各种调和在一起就是田园风格。

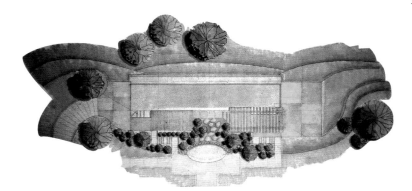

庭院内采用黄石作为叠山及造景的材料，与中国古典园林的造型手法异曲同工，通过黄石这种材料所呈现的厚重与沧桑的气质来象征四季的特点。将中国传统绘画的造型手段运用于叠石的造景手法中，保证了庭院在枯叶季节时仍然有别致的景观作为点缀。

Blue Lake, Professors' Paradise 翠湖——教授的乐园

项目地点：中国 北京　　庭院面积：418平方米　　完成时间：2008
设计公司：北京率土环艺科技有限公司
Location: Beijing, China　　**Courtyard area:** 418 m²　　**Completion time:** 2008
Design Company: Beijing Shuaitu landscaper Gardening Co.,Ltd

本案是一个独栋别墅的庭院，场地环绕建筑四周，南北的庭院相对宽敞，东西两侧是狭长的空间。花园在设计师的精心规划下，展示出收放自如的空间形象，庭院功能空间的尺度设计亲切，呈现出温馨而自然的空间氛围。

庭院由四部分构成，主要是南北两个部分，北庭院内集合了主人的功能性空间，南庭院是入户区，东西两侧的庭院以观赏及装饰为主题。庭院的总体设计充分体现了严谨的逻辑关系；运用空间的造型及空间造型之间的逻辑关系作为设计的手法是这个案例设计特点；在庭院的设计中突出了两个明显的轴线关系，一个是南北的轴线，另外一个是东西的轴线关系；这些轴线的关系采用对景的手法，将室外景观与室内空间的视线统一起来。

本案的设计是一个集合理性与感性的作品，在空间布局上采用了严谨的逻辑关系作为设计的主线，在庭院的材质处理及造型上运用自然的手法加以装饰，突出自由、轻松的氛围。大量天然的材质与草本植物的搭配呈现了美式乡村的设计风格。

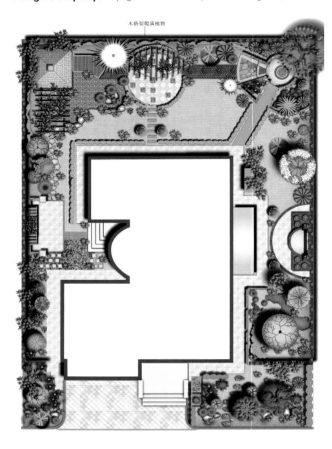

用天然的文化石作为花池及矮墙的装饰，突出了乡村风格的特征；地面整洁的石材及防腐木地板
的地面铺装与文化石砌筑的矮墙形成了面与点的对比效果；用卵石铺装的地面粗犷而大气，不同
区域的围合界面之间的过渡自然而轻松，与庭院的总体风格统一而协调。

Foshan 佛山山水庄园高档别墅花园

项目地点：广东 佛山　　庭院面积：700平方米　　完成时间：2011
设计公司：广州市圆美环境艺术设计有限公司
Location: Foshan,China　　**Courtyard area:** 700 m²　　**Completion time:** 2011
Design Company: Guangzhoushi Yuanmei Environment　Art　Design co.Ltd

这是一个建立在高地之上的别墅庭院，庭院的设计充分结合地形的特点，将基地的环境与庭院的景观有机结合在一起。设计师通过对高差及地形的合理规划创造了层次丰富的景观环境。

本案的场地由于基地的高差，形成的庭院场地边界是一个不规则的形状，并于建筑的平面布局呈现出多个钝角，通过合理规划庭院的场地很好地规避了现场的不利因素，并结合场地的造型创造了开敞、景观视觉丰富的庭院空间；首先在场地规划上，设计运用矩形的错落叠拼解来连接统一高差上的庭院边界，很好协调了建筑室外地面轮廓与斜向的场地边界的关系；运用形成的锯齿形状的边界与规则的建筑基地平面相呼应，结合高差场地的高差，运用建筑的平台形成了不同的观赏场地，使得人们在行进的过程中在不同的视角观赏庭院内的景致，丰富了空间的视野。

庭院内布置了一个造型别致的锦鲤池，位于庭院的南端，在建筑的不同平台内均可看到，丰富了庭院的视觉层次，增加了动态的观赏店；在平面的布局上，水池的位置也充分体现了传统私家园林中风水的规划理念，在跌水水池的驳岸用大块的天然黄色石头作为装饰，用潺潺的流水之声装饰庭院，为园内景观又增加了别样的感官欣赏元素。

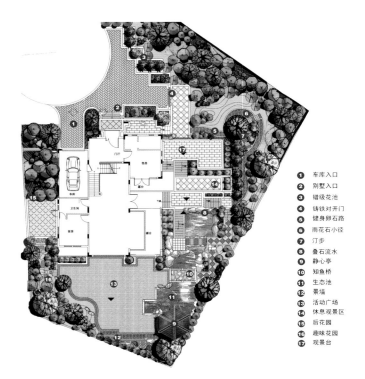

1　车库入口
2　别墅入口
3　错级花池
4　铸铁对开门
5　健身卵石路
6　雨花石小径
7　汀步
8　叠石流水
9　静心亭
10　知鱼桥
11　生态池
12　景墙
13　活动广场
14　休息观景区
15　后花园
16　趣味花园
17　观景台

用传统的造园理念设计的亭、池及假山等景观元素体现了大气、典雅的气质，池内放养的锦鲤在色彩上活跃了视觉，同时为庭院增添了静谧的氛围；建筑的外立面采用的文化石装饰与旁边堆置的假山和周边的景观环境协调而统一，锦鲤池内的水来自于假山的叠水，这也充分体现了中国传统园林中风水的设计理念，突出"水遇山而兴，逢木而旺"的思想。

Landscape Design of Legacy Homes Vantone Casa Villa

北京天竺新新家园景观设计

项目地点：中国 北京　　庭院面积：450,000平方米　　完成时间：2011
设计公司：深圳奥雅景观与建筑规划设计有限公司
Location: Beijing, China　　**Courtyard Area :** 450,000 m²　　**Completion time：** 2011
Design Company: Shenzhen L&A Landscape and Architecture Design Co.,Ltd.

该项目位于北京市区东北方向，地势基本平坦，北高南低。本案设计充分利用社区有机排布的三个分区：溪谷纵横贯穿，布局松散的别墅区；花园环环相连、色彩斑斓的多层区；拥有大面积优美湖景的高层区。设计运用现代纯熟的景观处理手段，疏密有致的景观节点设置，收放自如的空间布局形式，使整个社区浑然天成，和谐有序。

社区规划疏朗的景观肌理，加之建筑配以浅米黄色石材和红瓦营造出极富特色的托斯卡纳风格，吸引那束穿透心扉的阳光。社区景观整体分三个板块：高层区湖景，一区绿溪，二区花园。

整个小区景观规划框架清晰，单元明确，景观布局合理、归属性、识别性均好，加上风情植物的配合，成就舒适惬意的生活家院落。环绕二区的边沿绿化中，设置了一些景观功能场所，例如儿童活动区、休闲草坪、健身器械区域等，满足了一定的公共活动使用功能

公共景观巷道着力渲染托斯卡纳小镇风情，利用拱门形式提高单元的可识别性和导向性，为社区居民提供休闲、散步的风情巷道景观。

为了使每户拥有更大的水面独享空间，种植形式采用借景，利用视线错位，交叉布置树群的空间处理办法，使得有限的别墅庭院空间最大化，凸显了住户的私密感、尊贵感和领域感。宅间人行道，与周边建筑和道路存在很大的高差，形成了一个低洼的谷底，在此，景观设计利用基地现状，应用精彩的植物布置形成了一个四季有花的绿色谷地，不同花色花形的花谷分割出一系列亲切的富有生命的空间，引导回家的住户进出和穿越一个个色彩斑斓的花带谷地。

小区内环形车道绿化，考虑北方气候特点，利用具有浓密树冠的遮荫树，构成顶部覆盖，别墅边沿遮挡的空间，形成一种隧道式空间，由道路两旁的行道树交冠遮荫形成，增加道路直线前进的运动感，阶段性的植物点缀，更使得行进全程精彩纷呈。

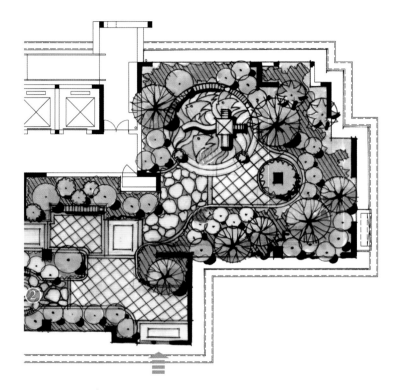

Forte Ronchamp Villa, Nanjing 南京市复地朗香别墅区

项目地点：中国 南京　　庭院面积：110平方米　完成时间：2011
设计公司：京品庭院-南京沁驿园景观设计
Location: Nanjing, China　**Courtyard area**: 110 m²　**Completion time**：2011
Design Company: Nanjing QinYiYuan Lanscape Design Co.Ltd

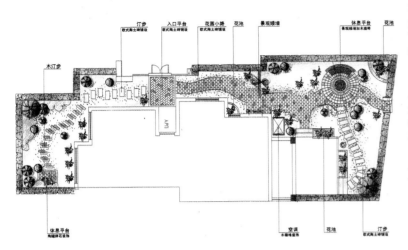

本案是一个独栋别墅的庭院景观，庭院的基地形状是一个类似 u 字型的狭长景观，设计结合地形的特点，采用自由式的造型布局；庭院内设置了两个功能区，一个可供户外用餐的功能区，和一个可以打理园艺的休闲互动区。庭院采用简约的设计手法，再现了带有美式乡村庭院风格的景观环境，营造了轻松、温馨的空间形象。

在庭院空间的规划中，设计采用简约的设计手法，在每个功能区设计一个可以烘托主题的造型，在户外休闲功能区，采用红砖砌筑的装饰墙点缀其中，突出美式乡村自由、简约的设计手法，去除了装饰的细节，造型简单大气。墙上装饰着可移动装饰花盆，这些造型各异的造型由红土烧制而成，融入了地中海样式，为这个区域增添了动感。墙头中间摆放的装饰雕塑丰富了庭院的情趣，提升了环境的生动感。墙头前摆放的花岗岩花台，造型粗犷，力量感十足，突出了自然奔放、自由的性格气质。花台可以兼作操作台，装饰性与实用性有机结合在一起。

户外活动区与建筑的室内空间相连，用室外防腐木制成的平台与室内地面采用一个标高的平台，这种设计手法将室内空间延展至室外，形成了室内外空间之间的相互交融，平台周边采用木质围栏围合，保证安全性。平台边的树篱高大，很好地屏蔽了外界的视线，为这里提供了很好的私密性。在庭院的设计中，两个景观区之间采用红砖铺装汀步在草坪上，在色彩上形成统一感，休闲互动区的地面采用石材铺地，用圆形的放射状造型来铺装，给空间增添了动感，大面积使用的红砖材质在庭院空间中增强整体感，突出了设计风格。灵活的汀步造型使人在庭院中前行时充满动感，并联系了两个不同功能的景观区，方便实用。用红色陶罐盛满的草本、木本花草装点庭院，营造出轻松自由的空间氛围。

Vanke Spring Dew Mansion, 上海万科朗润园
Shanghai

项目地点：中国 上海市　　庭院面积：50平方米　　完成时间：2011
设计公司：上海香善佰良景观工程有限公司
Location: Shanghai，China　　**Courtyard area:** 50 m²　　**Completion time：** 2011
Design Company: Homebliss

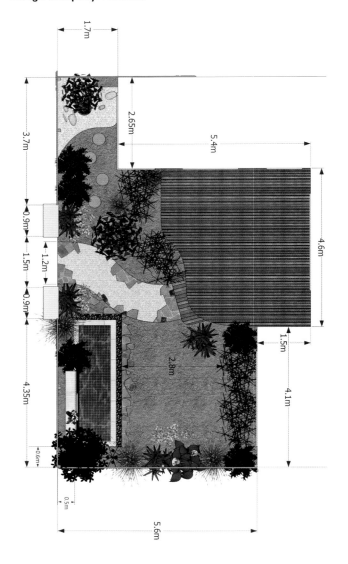

春季来临，希望花园多一份绚烂，多一份清凉。想要足够的户外生活空间，当然也要美丽的景观。小庭院的营造，需要在保证私密性的前提下，依然可以拥有宽敞的活动空间。

花园主人是热爱生活的人，希望拥有舒适的庭院生活。希望花园能够充满生气，也可以为炎炎夏日带来清凉。

对花园空间进行分割利用，注重每个角落的特点。满足主人休憩的需求，同时也让庭院景观丰富起来。对庭院原有物品改造，充分利用到景致中。

1. 增加空间私密性：去掉原种植的桂花，用防腐木围栏围合花园区域，高度为 1.5 米，保证花园足够的私密性，同时木围栏上方 20 厘米处采用网格设计，又保证了视线的通透性。利用庭院外生长较好的植物，保证枝条的延伸。

2. 营造休憩空间：为花园主人设计一个可以休憩的木平台，作为室内空间的延伸。木平台大小 20 平方米，虽然占去了一半的花园空间，但是与植物充分结合，增强了庭院的整体性。

3. 为庭院增加灵性：水景往往能为花园景观带来灵动的因素，也让花园有了声音，有了动感。设计师考虑花园的整体面积，把竖向空间也利用起来。为花园做了规则的水池，有潺潺的水从水景墙面上流出。池底以及池壁用蓝色贴面，水景墙用锈板不规则拼贴，与业主选择的石材很好融合。池边用中国黑大理石拼贴，与乱板和鹅卵石结合，整个水景为花园增加了灵性。

4. 改善花园土壤土质：原有土壤为黏性壤土，保水保肥性较好，但是通透性较差，导致业主频繁更换草皮。为花园土壤整体改良，深翻平整，同时抬高花园地面，保证排水。

5. 充分利用花园角落景观：落地窗与木围栏间的距离有 1 米左右，角落三面围合，设计师在这里创造一个小型的日式水景，与植物和白砂石以及汀步结合，小角落利用了起来，水景周围用植物群落布置，利用每一片种植区域，让庭院丰富了许多。

6. 旧物利用：原有花园中的石臼，围合小菜园的圆木栅栏，在设计花园时，都得到了充分的利用。石臼与竹子结合营造一个日式水景，放在角落中，为角落增添了生机。

EASTERN PROVENCE 东方普罗旺斯

项目地点：中国 北京市　　庭院面积：1200平方米
设计公司：北京率土环艺科技有限公司
Location: Beijing，China　**Courtyard area:** 1200 m²
Design Company: Beijing Shuaitu Landscaper Gardening Co.,Ltd.

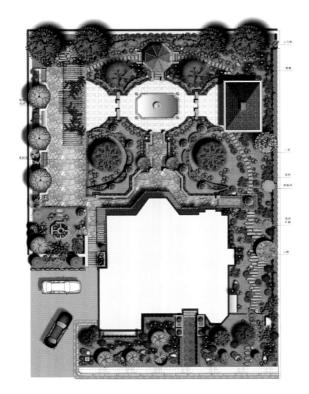

别墅位于北京昌平北七家镇。该别墅庭院是园区内面积最大的临河庭院，北面临水，设有亲水平台。眺望河对岸，是一大片银杏林，庭院中极好地引入了对岸十分美丽的自然风光。别墅位于离水岸约 50 米处，整个庭院空间比较规整，庭院以院中心一处规则水池为景观中心，景亭、廊架沿中心水景位置对称布置，形态多样。

令人惊叹的景观设计告诉人们景观是如何不依附于建筑的。这是一个由石头材质的颜色和独特的细节构成的精美场地。庭院的细节设计保证了这个项目的品质。在第一个内庭院中由花岗岩板材在庭院的平台上以风车状的造型嵌入，限定庭院的视觉中心区域空间，利用石头砌筑的室外台阶的挡墙通过石头材质的质感及排列方式强化了入口空间的标识性，用石板及户外如雕塑般的长椅基座等元素突出了自然质朴的气质。花园环绕着中央的石头砌筑的雾状喷泉渲染出间歇缥缈的环境气氛，润滑了封闭的空间感。

The Dongguan Peak Scene Golf 东莞峰景高尔夫

项目地点：广东 东莞　　庭院面积：300平方米
设计公司：广州·德山德水·景观设计有限公司
　　　　　广州·德山德水园林·景观工程有限公司
Location: Dongguan, Guangdong **Courtyard area:** 300 m²
Design Company: forest wood · landscape design Co. Ltd
　　　　　forest wood · private courtyard villas landscape design&constuction Co. Ltd

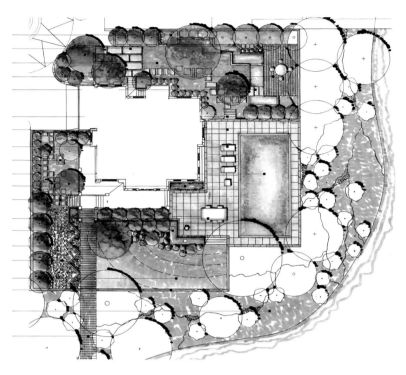

花园是休闲空间与 SPA 空间，业主期望有朋友聚会的大空间。在场地规划时这里设置了休闲区和大片的草坪作为功能的需求之用。在院子的一个角落设计了净水造型的水池，水池与挡墙一侧演变成叠瀑，增加了空间的动感；院子中设计的自然形状的水池可以映射天空的变化，成为院子中的风景装置，将整个院子装点得更加绚丽。庭院设计中对环境的敏感性和可持续发展比较重视，通过挡墙限定场地的边界，以减少对场地周边环境的干扰，由当地石头砌筑的样式使得庭院及住宅成为这里大自然的一个部分。

业主希望尝试一种"野趣"的设计风格，景观设计涵盖了一系列的理念，自然、休闲、大胆、不拘一格，烘托出了项目独特的气质。

庭院种植浓密，郁郁葱葱，充分表达了设计师对"野趣"这一主题的阐释。在高差丰富的场地内，设计师创意地打造了一系列相互连接的花园庭院。一面蓝灰色的景墙巧妙地将车行与庭院的空间分隔，景墙一直延伸到别墅的前方，环抱建筑。入口处的台阶由大块的玄武岩铺设而成。后花园入户前设有一个木平台，是住户休憩和餐饮的惬意空间，绿意盎然。设计师精心挑选了适宜场地气候的种植，巧妙处理了场地内的高差变化，打造了一处流畅、完整的环境。

Phoenix 8 凤凰城8号

项目地点：广东 广州　　庭院面积：450平方米
设计公司：广州·德山德水·景观设计有限公司
　　　　　广州·德山德水园林·景观工程有限公司

Location: Guangzhou，Guangdong　　**Courtyard area:** 450 m²
Design Company: forest wood · landscape design Co. Ltd
　　　　　forest wood · private courtyard villas landscape design&constuction Co. Ltd

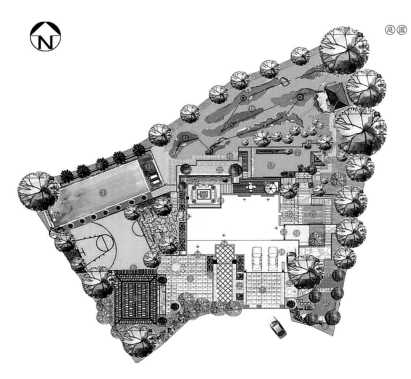

本案建筑为欧陆偏现代风格，庭院设计为了与建筑的风格协调统一，在构图上采用现代的设计手法，后庭院分为动、静两个区域，在空间上也强调了疏密关系及软硬对比，同时也强调功能性。苗圃花木的处理上力求自然，雕饰绝不夸张，有着乡村般的纯粹的浑然天成。在树木的高低错落中，在小径与草地的自由穿梭中，莫名的花朵的幽香中，小品的点缀，展现平实而浪漫的庭院特点。营造温馨、亲人、纯真且富于生机的私家花园。

别墅通过两个相互连接的庭院为住宅的每个房间提供了精美的视觉享受。这个多功能住宅的泳池与花园是基地宁静山峰陡坡的一个组成部分。水是统一景观设计的重要元素。在基地的环境中水以大气雾、潺潺的小溪以及庭院内的叠瀑等各种形式显现于人的视野，犹如各种艺术形式中描绘的水的形象。唯一保留的本土语言是石头砌筑的挡墙，本土化的景观。项目面临着相当大的挑战：要以一种细腻的方式将各种人工景观元素融入自然海景之中。本项目的工期非常短，因此景观设计师对场地进行了广泛的调查，从而对小气候的变化和高地的森林向陆地的天然沙丘植被和地形之间的过渡进行研究。庭院中采用石灰石建造而成的露台及台阶，体现了自然而大气的风格，这些景观构成元素形成了开阔而舒展的视觉效果，色彩有建筑及周边的景观环境融为一体，体现了雅致的情调。户外的餐饮空间被无边界的水池所环绕，形成了柔和的边界及舒缓的空间氛围。

后花园的设计借鉴了中国传统的造园理念——挖池筑山。运用土方平衡的原理将定性进行了合理的调整，形成了曲线的山体，地形有了起伏的变化。通过精心设计的山中步道将半山的亭子及户外休闲区有机联系在一起，同时增进了花园的别致与神秘感，让人的视野更加开阔。伴随花园中点缀的野趣，主人可以在不同的场景中停留、休息、欣赏，并使得空间的景观获得移步换景的视觉效果。

South China On Country Surplus 华南碧桂园
Peak Green Court

项目地点：广东 广州   庭院面积：400平方米
设计公司：广州·德山德水·景观设计有限公司
          广州·德山德水园林·景观工程有限公司

Location: Guangzhou，Guangdong   **Courtyard area:** 400 m²
Design Company: forest wood · landscape design Co. Ltd
          forest wood · private courtyard villas landscape design&constuction Co. Ltd

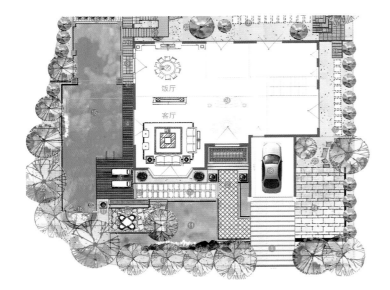

线条清晰的设计彰显出住宅婉约的建筑风格，而现代的室内设计则更让人耳目一新。客户希望新花园和硬质景观的改造能够与室内设计相辅相成，共同打造出诗情画意的带有水景的宽敞中庭空间，为客人提供水疗般的体验。

进入开敞的房间以后，可以直接看到后面的花园。花园里有一个用虹彩玻璃瓷砖建造的温泉水池，犹如一个"珠宝盒"一样闪闪发光，在宁静的花园中发出潺潺的美妙声音，倒映着美丽的夕阳。这个仙境般水景的简约色调与前面入口与餐厅花园中冰蓝色植物的色调融合在一起。原来的路面大部分都采用红砖铺设，而新路面则采用木质地板铺设，不仅很好的控制了线条，而且在景观中形成了坚固的建筑平面。

植物聚集在一起，用颜色划分出各自的领域，竞相夸耀着自己雕塑般动人的身姿。水池旁边种植了高挑的竹林，意在捕捉柔和的微风，即使在炎热的天气也能给人一种凉爽的感觉。就像天然的沙丘草被海风拂过一样，竹林在微风中摆动，令人神往；不论是在室内欣赏，还是躺在水池旁边，这种景象都能够让人身心放松。赏心锐目的竹林与超凡脱俗的蓝色水池一同构成了这个二十世纪五十年代复古景观的亮点。简洁、优雅的草坪围绕在水池的后面，仿佛一间铺着地毯的屋子，而独特的紫薇花树则成为了空间的装饰音符。紫薇花树和草坪共同打造出了水池水疗的体验。

入口庭院的聚餐花园以冷色为基调，种植了蓝色的肉质植物、蓝色的草、各种深紫色的树和攀爬在不锈钢格栅上的开紫花的藤本植物。风景植物成为了景观中的活雕塑，柔和的灯光从后面照射出来，衬托出弯曲的墙壁。这里成为花园的主要舞台，与招待客人、举行宴会的正式餐厅相邻，为花园注入一种戏剧般的氛围。花园中的树精心地布置在花园的外围，仿佛留声机上的唱针一样。人造玻璃门和木门、固定板和车库门用现代的方式对手工制品加以诠释，配以主人收藏的一些室内装饰，使室外建筑焕然一新。

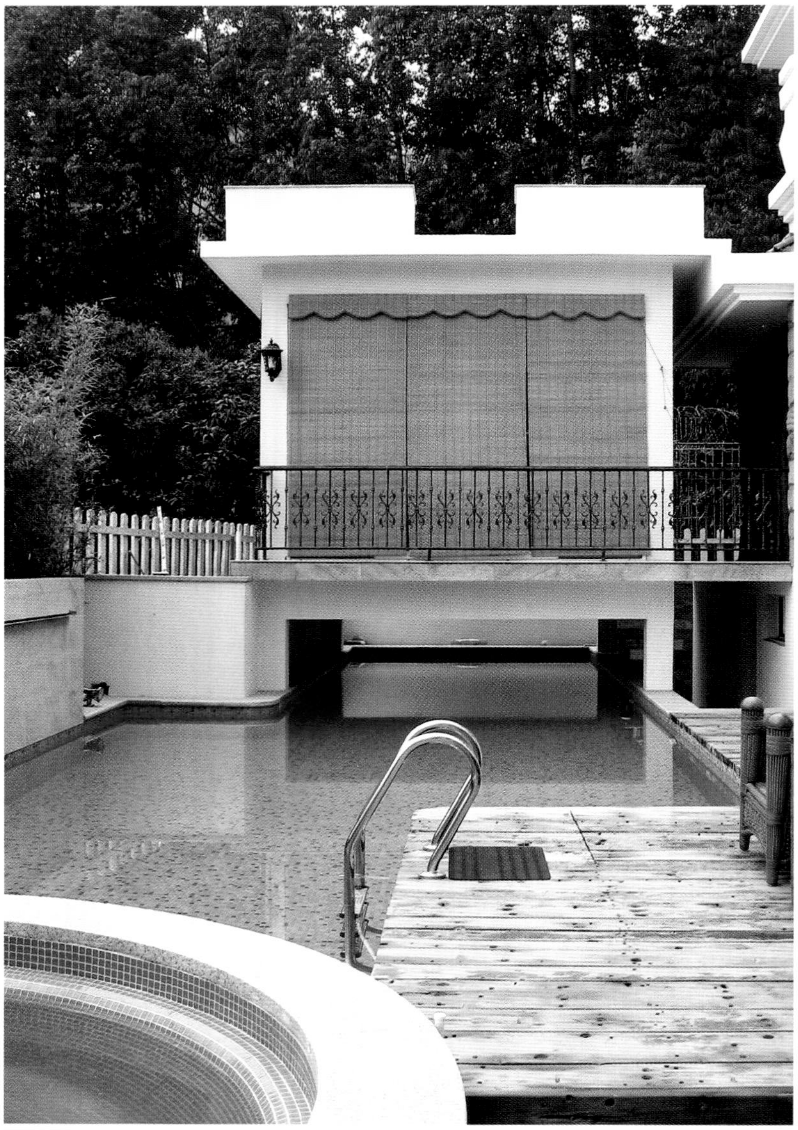

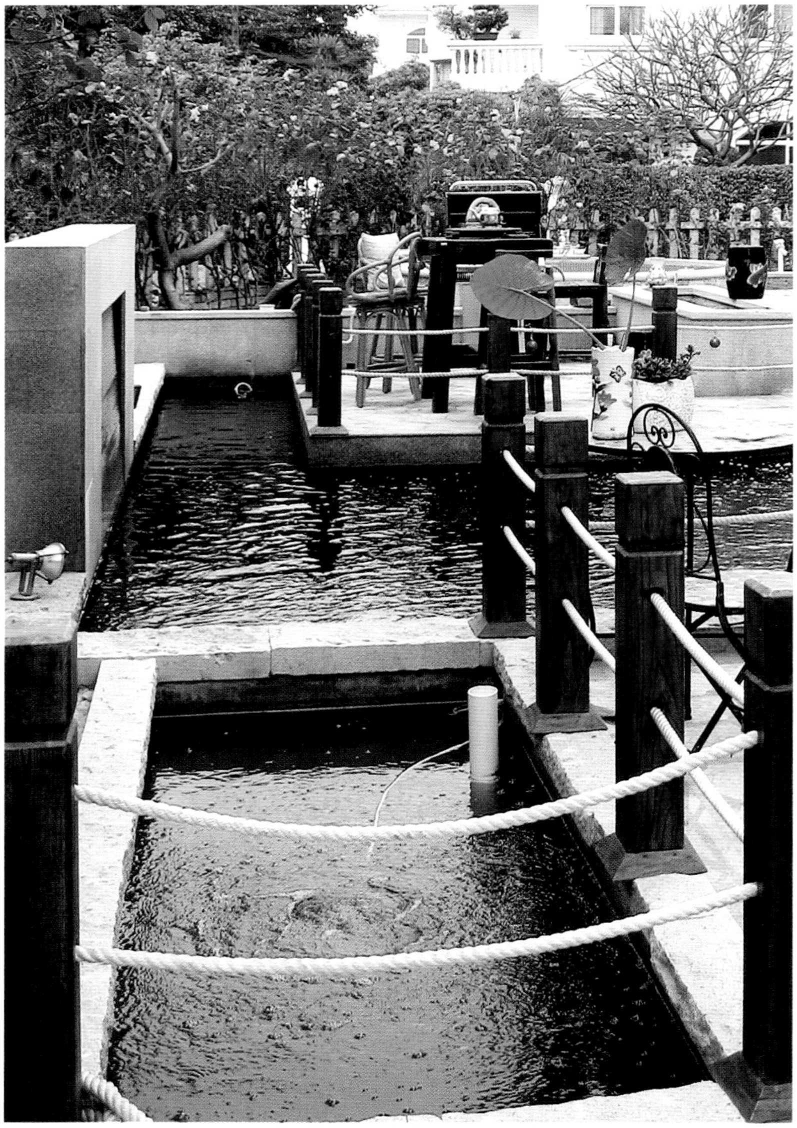

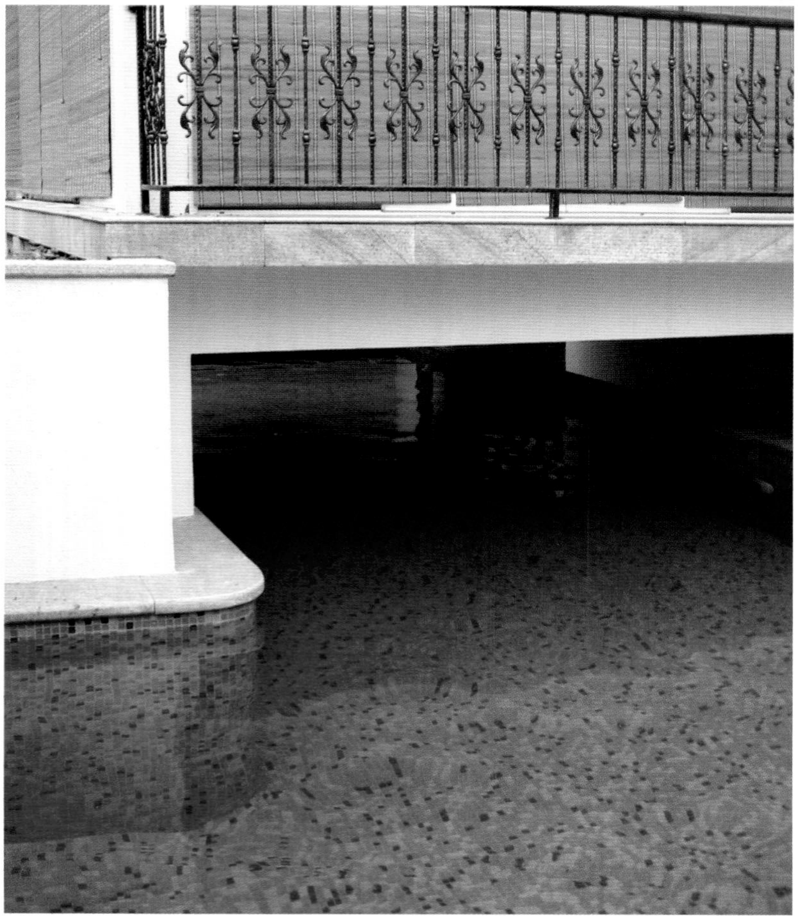

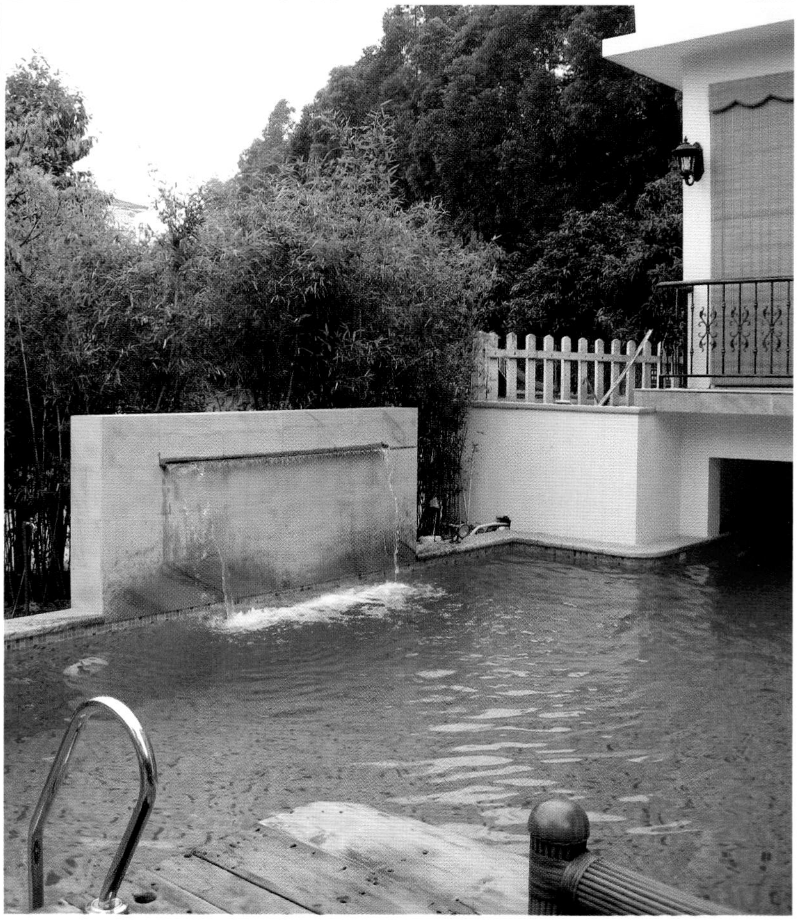

Remit Process Courtyard 汇程庭院

项目地点：中国 沈阳市   庭院面积：50平方米
设计公司：汇程私家庭院工作室
Location: Shenyang, China   **Courtyard area:** 50 m²   **Completion time：** 2011
Design Company: HuiCheng Private courtyard studio

这个庭院规划本身是一个非常有趣的故事，单凭图片显示的景观环境，人们很难猜出建筑的周边是被四车道的街道所环绕，并且位于高原景观公园之中，基地内的环境及形象的设计被严格的法规所限制，不能够破坏周边的环境，同时又要满足业主的心理需求。如何从客户的角度出发来设计这个庭院成为这个项目的挑战。

内敛及静谧的庭院空间是这个项目的主人所追求的目标，项目设计前期设计师对客户的生活习惯及生活方式进行了认真而仔细的研究，并站在客户的角度对基地内的环境及功能做了认真而细致的规划；舒适的空间环境成为设计的主要目的，这个项目规划了一个日式风格的庭院，包括由大型卵石铺装而成的水岸、种植有绿草的台阶等景观元素，为主人打造了一个精致而舒适的环境空间。

庭院中设有两处木质平台，圆形平台较大，作为会客区，周围植物环绕，又有高大乔木遮阴；方形木质平台上放置摇椅，供家人休憩，视野开阔；花池采用石砖堆砌，自然质朴，富有趣味；景墙青石叠加，大大增加了美观度；园路两边辅以景天、萱草等多年生草本植物，保证了其色彩艳丽、风景多变的特点。

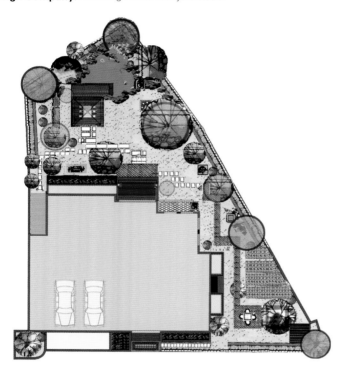

Scene Of New Town Villas 汇景新城别墅

项目地点：中国 广州　　庭院面积：350平方米
设计公司：广州市伟超园林景观设计有限公司
Location: Guangzhou，China　**Courtyard area:** 350 m²
Design Company: Guangzhou wei chao garden landscape design Co., Ltd.

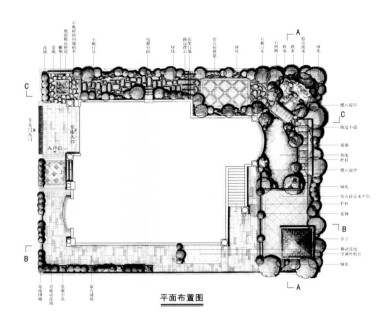

平面布置图

简洁的大门入口，自然式的景观给人以清新感。嵌草踏步带人们进入视野开阔的后庭院。精致的假山造型，清脆的流水声，拱形的小石桥，在绿色的植物丛中显得生机勃勃。走过石桥，映入眼帘的是特色景墙，与之呼应的是鱼造型雕塑。穿过道路，是一个宽阔的平台，景观木亭屹立其中。在此所有景观尽收眼底，享受世外仙境。

庭院空间以两处水景形成庭院两处大的空间，种植、景墙等小品环绕水景，在庭院中自成一片空间，两处空间相互独立，又因园路相接互为对景关联。一处景墙倚水而建，景墙之上精致浮雕刻画其间，景墙中空处，几扇镂空雕花屏风引出后面景亭种种空间，远处又有绿树林荫背景，整个空间景观层层环绕，尽现景观细致之处。水景四周石质驳岸，兼具乔冠灌花草、石雕散布四周，水面掩映其间，仿佛无边界，意境更显悠远。

以水景空间贯穿整个庭院的主要空间，大面积的水面，山石让景观更显自然，山林意境。层层跌落水景与处处平台空间环绕，交织，间置假山、景石驳岸，小桥跨水而过，平台亲水而歇，远处泳池的平静水面与此处潺潺跌水呼应，水景在庭院中尽显水文意境。平台一侧乔灌草层层而下，绿色环绕，一侧小溪跌水，缓缓而流，将周围的处处景致都收于各处平台之上，不浪费每一处水景的展示，最大化地展示了庭院的种种景观。

Pingjiang Road Ground Floor Garden 平江路底楼花园

项目地点：中国 上海市　　庭院面积：400平方米
设计公司：上海淘景园艺设计有限公司
Location: Shanghai，China　　**Courtyard area:** 400 m²
Design Company: Shanghai Taojing garden design Co.,Ltd.

一亭一台，通过潺潺小溪相连，遥相呼应，阐述着英伦自然式景观。沿溪而设的汀布小径搭配沿路布置的草坪灯具强化这路径的边界，人行走其间感受着小小庭院带来的趣味。亭前随意的草坪，赋予主人自由、随意的空间，无论是休憩游乐还是烧烤聚会都不显局促。

亭子周围的自然式细节处理中，虽然只是占据了庭院的一角，但细细品味下，这么小小的一处角落，依然汇聚了山石、亭台、小桥、流水。远处的建筑旁，层层下跌的木质花箱，下有八角金盘生机盎然地充满下部空间，层层跌落的潺潺溪水穿柱而过，让庭院显得愈加自然、美丽。

流动的水给花园带来生气，水里觅食的鱼儿让人的思绪也随着一起快乐的游弋，让紧张工作一周的心情很快得到放松。面对一个 10 米 ×1.5 米的狭长空间，设计一个现代长条水池。水池空间的营造本应该是迂回曲折，呈自然生存之状，本案选择做这样一个长条水池确为"因地制宜"。虽是简单的长条形布局，但确实可以在立体上营造出景观的更多细节、特色。如此处的水景空间，圆形的涌泉、宽宽的跌水、层层布置的种植、小品，远处的壁炉都在平凡的布局上营造更多的不平凡空间。

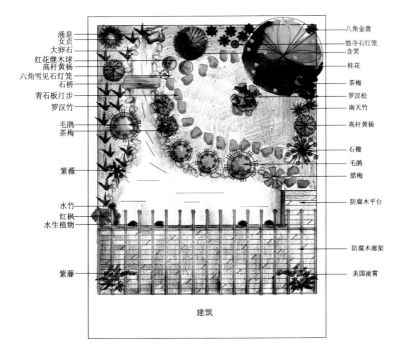

涌泉
女贞
大卵石
红花继木球
高杆黄杨
六角雪见石灯笼
石桥
青石板汀步
罗汉竹
毛鹃
茶梅
紫薇
水竹
红枫
水生植物
紫藤

八角金盘
悠寺石灯笼
含笑
桂花
茶梅
罗汉松
南天竹
高杆黄杨
石榴
毛鹃
腊梅
防腐木平台
防腐木廊架
美国凌霄

建筑

Runze Villas 2 润泽庄园 2

项目地点：中国 北京市　　　庭院面积：170平方米　　完成时间：2010
设计公司：宽地景观设计有限公司
Location: Beijing，China　　**Courtyard area:** 170 m²　　**Completion time:** 2010
Design Company: Kids gardendesign

本案在总体规划中充分结合庭院空间尺度，对生活空间的功能进行了合理化改造，将不同功能空间集中设置，使得庭院看上去更加规整、有序。庭院内的视觉设计统一而富于变化，打破了狭窄空间形成的压抑感。庭院的细节设计丰富，与庭院造型之间的搭配统一而协调，突出了设计的整体感。

改造后用黄木纹石材质镶嵌表面，并用木质的菱形装饰网片点缀其间，网片上点缀的绿植活跃了这里的氛围，依附此处的墙体设计了一个水景，作为庭院用水的取水点和装饰，观赏与功能巧妙地整合。紧邻客厅的室外空间被改造成休闲聚会的平台，方便客厅的出入，在院子的另一端设计成植物花坛，变身成庭院的怡人小景，突出怡然自得的浪漫气氛。

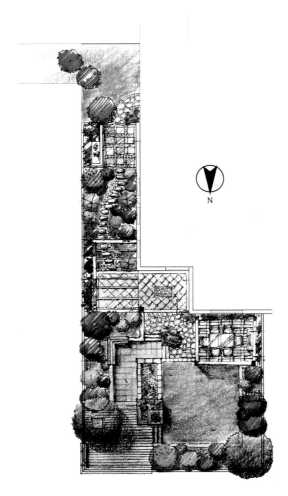

A Villa In The Garden 天下别墅

项目地点：中国 武汉市　　庭院面积：745平方米
设计公司：武汉春秋园林景观设计工程有限公司
Location: Wuhan，China　**Courtyard area:** 745 m²
Design Company: Wuhan Spring & Autumn Landscape Design Engineering Co., Ltd.

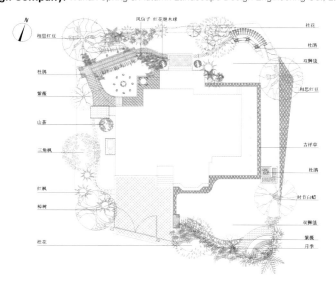

花园坐落于F、天下别墅区。花园东、北方向是邻居别墅,西、南方是入户的园区道路。基地西高东低,高差0.8米左右。该花园设计由四部分组成：入口小平台，草地活动区，后院休闲区，水景区。

入口小平台由浅灰色花岗岩铺地及灯饰、花钵组成，是整个花园的前奏区。

草地活动区主要由大片草地和草坪灯组成，是整个花园最阳光温馨的地方。

后院休闲区是园子最静的地方，带有座凳的欧式花架是休闲、静心的理想场所，绿篱和乔木很好地阻隔室外视线，为后院创造私密空间。

水景区域包括西北角的组合水景和东南角小型的跌水组成。组合水景包括了木栈道、跌水、拱桥，是园区景观的重点所在，小型的跌水也丰富了园区的景观内容，两处分别运用喷泉和涌泉来构造循环往复的水景体系。

WEST HILL ART MUSEUM 西山美墅馆

项目地点：中国 北京市　　庭院面积：150平方米
设计公司：北京率土环艺科技有限公司
Location: Beijing，China　　**Courtyard area:** 150 m²
Design Company: Beijing Shuaitu landscaper Gardening Co.,Ltd.

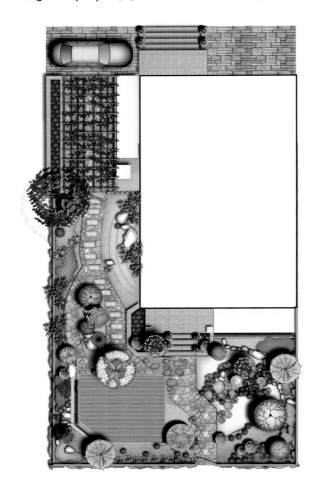

门是柴扉，路是万径，卵石是河流，石头是闲山，小草是森林，花池是远山，这一切被远山包围着，滴水声如天籁般纯净，而正如诗云"不远的山顶上积雪融融春夜，一盏石灯笼的冥想满月的水潭洗着奈良的尘烟，而樱花睡去，你心如这瓣和那瓣的梦。松一株苍劲又凄凉地写出了绵绵的草书，随缘的白沙扬波，三五块石头，是远航的船也是归来的帆亦或是逸向林里的板桥：木屐声声又消失，仿佛停留在春夜这盏石灯笼边，像水墨画里一位高人，他成为自己的庭园"。

有人说院子小限制思维，没什么可做的。画纸有多大？我们一样可以看到画家为我们画出无穷的天空和大地，也可以画出无穷的想象空间。院子再小，我们也可以在这里创造想象力，创造生命，创造生活。

The Greenhills 云间绿大地别墅

项目地点：中国 上海市　　庭院面积：50平方米　　完成时间：2011
设计公司：上海淘景园艺设计有限公司
Location: Shanghai，China　**Courtyard area:** 50 m²　**Completion time**：2011
Design Company: Shanghai Taojing garden design Co.,Ltd.

我们的任务是把景观打造成现代、简洁的风格，使其能够更好地与出色的室内装修相协调，同时能够更加实用。庭院的功能空间规划有休息区、凉棚、由花岗岩和玻璃马赛克镶嵌而成的户外喷泉，以及由户外烹饪、酒吧所构成的正式户外用餐区。户外厨房具备很多现代功能，房主经常会举办一些聚会，厨房得到了充分的利用。

一连串的台阶和平台从房屋向下、向远处延伸。这些区域恰好位于从房屋向远处倾斜的自然坡度上，空间也少了分建筑的束缚，多了分自然的气息。精心设计的台面和木板路形成了通过天然草地通往庭院外的通道。南院采用了短叶的加强型草坪，可以适合各种恶劣天气，而且草坪可以一直保持常绿、整洁。

大草坪提供了开阔的庭院空间，环形的路径将廊架与水景花卉观赏区等联系在一起；小径与草坪为主人提供了不同的体验空间和观赏空间，驻足草坪之上环顾四周，满眼的绿色葱葱与繁花似锦，在不同的花季，宿根的花草与常绿的灌木与乔木形成了丰富的景观层次空间，廊架上攀爬了两种植物装饰，一种是凌霄，一种是玫瑰，廊下的人在变化的色彩空间中前行，纷繁的美景令人陶醉。

本案庭院的景观设计细节变化丰富，主要分为装饰材质的细节变化，如铺装采用红砖作为主要的材料，但砌筑的细节比较考究；草坪上的汀布采用圆形的石材，雕凿的细节充满自然质感。

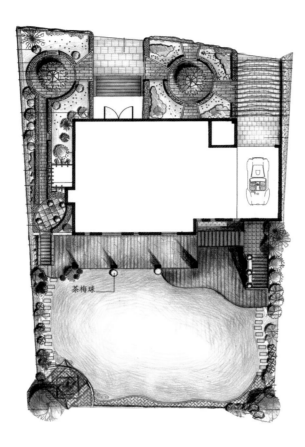

BAMBOO-RIVER GARDEN 竹溪园

项目地点：中国 北京市　　庭院面积：200平方米
设计公司：北京率土环艺科技有限公司
Location: Shanghai，China　　**Courtyard area:** 200 m²
Design Company: Beijing Shuaitu landscaper Gardening Co.,Ltd.

因为气候较严苛的关系，往往对北方庭院景观的营造有着很大的局限性。在背光的区域，北方冬季的寒冷令植物很难存活。本案中的景观设计中，加入多样的铺地形式，只用少量的植物来点缀庭院的景观。在效果上确实很难达到南方庭院郁郁葱葱的效果，但也同样让庭院中四季皆有景可观。同时丰富的铺装形式形成独具艺术性的花纹，搭配线条或硬朗、或柔和的植物，倒也别有一番风味。

幼沙、粗石也有着不同的变化，或是色彩、或是大小，时刻丰富着庭院中的种种细微变化。建筑入口处奇异的景石，也给予这处庭院更多的景观可识别性。

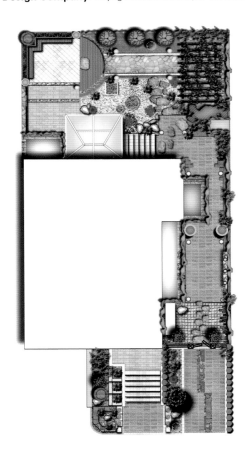

作者名录：

上海热枋（HOTHOUSE）花园设计有限公司

热枋设计（HOTHOUSE DESIGN）是意大利 MEDITERRANEO DESIGN 在花园设计工程业务的分支机构。公司设计团队是由总部派出的多名意大利资深设计师与十余名本土优秀设计师组成，荟萃中西方的顶级设计高手。这支多元化团队组织，使花园设计充满活力与创意，能适应不同地区、不同类型的项目需求。目前，HOTHOUSE DESIGN 已在上海出色完成大量花园工程项目，得到众多房地产发展商及私家别墅业主的高度认可。

张向明
主任设计师

毕业于上海东华大学艺术设计系，从业六年曾就职于北京中国风景园林规划设计研究中心，他倡导花园设计应该从功能出发，摒弃无谓而奢华的装饰，崇尚朴实，简洁，自然的风格。

贺 庆
植物配置设计师

从业五年 曾远赴园艺之都爱尔兰专攻园艺学。在花园植物搭配和应用方面，她拥有超常人的天份，多年海外留学生活以及丰富的执业经验让她在工作中游刃有余，针对上海地区独特的气候及地理特征，她建立起一套适宜上海地区私家花园种植的植物库，确保您家花园四季繁花似锦。

ASPECT STUDIOS
ASPECT Studios 澳派景观设计工作室

ASPECT Studios 澳派景观设计工作室是一家专业的景观设计与生态设计公司，以简洁、现代、创新的设计风格而闻名，通过生态可持续发展的设计手法，打造宜居的生活环境。可持续发展是澳派的核心价值观，它涉及文化、环境、社会和经济发展等多种因素，澳派的团队在每一个项目中都试图给予综合的考虑，找到这些因素的平衡点，从而创作出最佳的方案。我们的价值观在多个设计奖项与建成项目中都能充分体现。澳派的管理层是澳大利亚知名的学者，有在世界各个高校演讲、授课的经验。凭借在中国丰富的项目经验，澳派能巧妙地以一种简洁现代的设计手法成功地将当地的文化在景观设计中体现出来。对本土材料、植物的了解以及对高新科技的热爱，保证了澳派作品的可实施性。

克里斯 罗修／执行董事
Chris Razzell / Executive Director
皇家墨尔本理工大学景观建筑学学士学位
注册景观设计师
澳大利亚景观设计师协会理事
Chris 是澳派的创始人和董事。
Chris 的经营理念是充分发挥澳派国际和国内各工作室专业人员的团队合作，进行设计资源的整合，打造各个设计工作室不同的特色。
Chris 决心为景观设计和城市设计项目带来最高品质的设计成果。本着自身的创意性、娴熟的专业技能和丰富的工作经验，Chris 投入到公司团队建设、设计工作、财务管理、综合战略发展等各项工作，激发所有澳派员工的潜力，领导澳派的发展。

北京澜溪润景观设计有限公司

北京澜溪润景观设计有限公司是一家极富创新性的景观设计专业机构，是著名的别墅庭院设计及营造专家。澜溪润景提出了一个全新的理论—"生活全绿色"的设计理念。作为人居环境的美化设计与诗意的环境营造企业，澜溪润景是从事开发、设计、研究并销售真可靠的美、艺术、诗意的、健康的、生态的可持续发展的环境景观产品及优质专业的设计、施工、养护服务、帮助客户和合作伙伴取得健康诗意的生活品质。我们的成功源自于不懈地帮助人们体验健康惬意、哲思智达的环境空间，提升生活品质，实现"诗意的栖居"。

董磊永

澜溪庭院设计室首席设计
国家级高级设计师
国家级高级建筑师

宽地景观设计有限公司

宽地景观设计是专业从事庭院景观设计和施工为主，从 06 年致今主要从事与别墅花园设计与施工，宽地庭院设计的工作流程从设计到施工（植物后期养护）为客户采取一条龙的服务理念，宽地庭院设计已经拥有了一批专业的设计与施工团队，为广泛的行业提供丰富的产品及技术咨询服务。在广大客户和业内同仁的信赖和支持下，业务正在获得迅速发展和扩大。我们正积极参与多个大型项目的设计工作，仍将以崇高信誉、高质量的产品、资深工程师的技术支持和合理的价位，为新老客户服务！ 宽地设计追求以人为本的理念，把艺术溶入生活，把艺术溶入自然致力于打造自然、舒适、优美的人居环境。设计始终坚持"完美的设计，必能完美的实现"为原则。致力为客户提供专业细致服务，这种服务不仅仅是专业的技术和图纸；还有让设计理念表现得更好，最终给作品赋予灵性，让人产生心灵的共鸣。与此同时，宽地还吸收和培养了许多优秀的设计人才，技术力量雄厚。设计上我们追求精益求精，让每一处的设计在工匠的精雕细凿中得到完美的艺术还原，让广大业主更加放心。宽地以"诚信、合作、发展"为经营理念，以优质的服务质量为发展的基石。成绩归于历史，奋斗属于未来，宽地全体同仁将再接再励，严格遵循可持续发展、与时俱进、低碳生活、"稳中求胜"的经营理念，始终坚持以人为本的原则，不断努力，勇攀高峰!

耿楠

景观设计专业。 从事私家花园设计 5 年，无论是中式庭院的写意，欧式庭院的华贵，意大利托斯卡纳的优雅与田园还是日式庭院的禅意山水，均融入自身的理解表达不一样的个性设计。

上海朴风景观装饰工程有限公司

上海朴风，一个集别墅庭院景观、生态园林规划为一体的景观设计公司。我们的团队致力于将园林景观和建筑风格的文化修养及品质完美融合。我们珍惜客户给予的每一次机会，坚守自己的事业，因为我们相信，我们是传播大自然最好的媒体。

岳兴俊

首席设计总监
从事景观设计行业 15 年室内、景观设计硕士对于对自然的热爱，以及对景观的深刻理解，为打造完美自然景致投身于景观设计。

澳斯派克（北京）景观规划设计有限公司

澳斯派克（北京）景观规划设计有限公司，是一家以优秀的设计质量和服务质量著称，以景观建筑、规划与生态环境技术为核心技术的综合设计公司。
作为澳派景观设计工作室的中国分支机构，澳斯派克（北京）公司拥有一个包含景观建筑师、规划师、建筑师和室内设计师的专业团队。公司由来自澳洲本部的李伦先生主持，核心成员具有多元化的国际背景和丰富的设计经验。澳斯派克崇尚生态规划的自然联系，同时深刻理解本土文化的特色意义，主张可持续发展的设计理念。我们的宗旨是以专业的态度和创造性的设计理念为中国客户提供高质量的服务。
公司的设计范围广泛，涵盖了城市规划、城市设计、风景旅游区规划、居住区规划、景观设计以及相关的建筑及室内设计。同时业务范围包括了澳洲、澳大利亚、东南亚及中国的广泛地区。公司凭借多年来扎实的业绩、独特的设计理念、和谐的企业文化，取得了业内广泛的优秀信誉。2009 年度澳斯派克（北京）公司被评为"中国十大最具竞争力园林景观品牌机构"。

李伦

在中国及澳大利亚的建筑设计行业学习、工作了 19 年。 他曾在中澳两地知名的设计公司工作，工作角色涵盖了公司常务董事、建筑师、室内设计师和规划师。他曾主持过的设计项目包括：大型居住区规划、建筑、景观设计，高层商业建筑、别墅及 TOWNHOUSE 设计，公共文化建筑、酒店、商铺室内设计。他对专业的执著和贡献可以从历年的设计奖项中得到体现。
李伦先生在中澳两地的教育、实践和文化的独特经验，使他有十分难得的机会成为澳中建筑设计文化交流的成功桥梁。
教育经历
哈尔滨建筑大学 建筑学学士
清华大学建筑学院 建筑学硕士
澳大利亚皇家墨尔本理工大学 景观设计硕士专业机构成员
法国建筑设计师协会会员
荣誉证书
"2006 年度中国建筑规划设计师杰出 100 位"之一
2009 年荣获"中国十大最具国际竞争力景观设计师"荣誉称号

米页设计

米页设计是业界少数能同步整合各专业领域之设计团队，既能独力完成景观设计、室内设计、建筑外观设计案及工程案之专案委托，也能跟其它设计事务所及工程单位通力合作，多年来秉持「设计即服务」之精神默默耕耘，开发出饭店民宿、住宅大楼（开放空间、都市设计审议计画）、科技厂办等中大型设计案件，是建设公司、开发公司及各大企业竞相邀约也是业界公认配合度最佳的设计团队。
米叶景观成立于 2003 年，负责人在台湾景观及室内设计业界深耕数十年之久，其作品多次获选为年度台湾最佳景观设计，并刊登于台湾建筑出版之 - 台湾景观作品集。自成立以来为扩大服务范围以及减少设计与施工的落差，并于 2006 年成立米页空间设计、2009 年成立绿映景观及垣园空间工程，更进一步与云科大及东海大学等学术单位合作，形成了更专业的团队，进而达到调查、研究、规划、设计、施工及监造等，一连串的整体感与贯彻落实的绩效。
本公司设计部成员皆为设计相关科系及研究所毕业，唯实力坚强之工作团队，服务范围扩及中国大陆、美国加州等地。我们相信设计的态度应是全方位的思考去处理人与生活空间的复杂关系，规划设计出优良的居住、生产与游憩环境，并对每一个客户以及每一个案的独特性加以彰显，以呈现客户最满意的规划与制作。在未来将秉持一贯的目标继续朝向绿色、节能、环保等议题持续为客户服务。

上海闰景行园林绿化工程有限公司

上海闰景园林绿化工程有限公司是一家专业从事园林绿化工程设计、施工、养护、花卉租摆、精品盆景、大型树木、花卉生产及销售为一体的综合性企业。
 公司由一批优秀的来从事园林专业的景观设计师、工程技术员、植物养护人员组成，拥有完善的施工机械设备，是一支设备精良，实力雄厚的景观施工队伍。公司是一家以文化创意／理念创新为推动力的景观企业，为客户提供设计精良、施工规范、养护到位的绿化服务，公司将会为您的绿化需求竭尽全力。

陆富长

工作认真、热忱，责任心强，创新意识好，合作精神佳。本着集思广益，不断进取为原则。为未来创造更多的才富而不模奋斗。个人性格特点：自信、乐观、诚恳、稳重。

上海淘景园艺设计有限公司

淘景园艺成立于 2003 年，由数位资深的行业先行者组建，经过多年的积累，已成为行业良性发展的推动者，我们以"为客户营造生态．合谐的居家 & 办公 & 休闲环境"为目标，积极与客户分享园艺生活的乐趣，逐步提升都市人的园艺素养，培养儿童对自然的积极感知与热爱。建立员工良性的事业观，凭借酬报优渥的事业机会，不断充实的优良文化，赋予员工改善生活品质的力量。同时，我们也正在通过对城市可绿化空间的挖掘和实施改造，来提高城市绿量，降低城市热岛效应，缓解大气污染与水。

董宝刚

设计总监

从业八年，善于领悟客户的显性需求、挖掘客户的隐性要求，对花园的设计追求完美，对花园的施工几近苛求，对客户的服务极尽所能。

上海东町景观设计工程有限公司

如今在这个城市，我们组建了一个专业的景观团队为景观艺术的理念在工作着，我们会用一棵植物或许一棵小草为您塑造完美景观，在景观设计理念中，我们追求自然，回归自然，让人工雕琢消失在每个作品中。在这个城市里我们希望每个角落都有我们协同您一起规划的完美景观作品，更多的作品需要您的协助。
在这里，很荣幸的是您能发现我们，不管您的需求有多大或多小。只要您需要我们，我们一定会尽其而为。我们一定会真诚为您造景。我们以每个作品都是最完美的作品为承诺。我们这里有 9 位设计师，6 位项目管理师，12 个专业施工团队，29 位园艺师都期待为您服务。
05 年到现在我们塑造出很多完美的景观作品：和平饭店南楼（外滩 23 号）、国际体操中心、世界 500 强企业、檀宫、上海市公安局等大小型景观。绿色是我们大家的，每个人都会通过不同的方式为这个地球增加绿色，我们探索人类与自然界的主题如可持续发展、 回收和相互联系，继续今天的"绿色"的谈话令人鼓舞的看到、 思考，这令人回味的绿色与环境相互作用的新方法。
上海东町景观设计工程有限公司愿与您一起为我们的环境做出努力。

朱伟国 Mark

高级景观设计师 & 空间设计师
一切设计规划都应该从人的视觉、感知及触摸为出发点，把自然景观融入生活。代表作品东方花园、东方日出苑、巴黎花园、复地北桥城。

朱伟纬 ViVi

景观设计师
多年从业经验造就其对景观建筑概念有独特的理解，在设计中他把人和环境统一协调。擅长日式风格、东南亚风格、田园风格的庭院及屋顶花园营造。主要代表作银湖别墅、万科燕南苑、万科四季花城。

刘荣倩　Allina

植物配景师 & 视觉设计师
曾从业余深圳、北京、上海多家知名景观设计公司，从事植物配景及视觉配景设计多年，具有优秀的审美判断能力和营造完美生活环境能力。在工作中实现理论与实际的完美组合，将植物和硬质景观很好地融合，让人尽情拥抱大自然，从专业角度将美学融合入到环境，使美学艺术和环境艺术完美结合。

毛文华　Amy

软装搭配师 & 植物配景师 多年从事植物配景、展会布置及软装搭配，其对花园风格有足够的了解，从而提炼软装的每一样东西的搭配，最终达到完美效果。同时兼有很强的色彩敏感度把握度，控制空间的主题色调。

广州·德山德水·景观设计有限公司
广州　森境园林　景观工程有限公司

广州·德山德水·景观设计有限公司 2004 年成立于广州，是一家园林景观规划、设计和施工的企业。集庭院设计、施工、产品、植物、养护、咨询服务为一体的景观公司，专业从事私家庭院的设计、营造工作，致力于创造、研究高品质的生活和生态环境，为客户提供优质服务。
我们是专业的专门针对别墅、私家庭院进行设计、营造的园林景观公司。我们拥有一个强大的设计团队，会根据客户的个性、爱好与需要，对庭院进行合理的安排、设计，权衡因素提供完全解决方案。同时，我们拥有一支精湛施工队伍，专业技术高超，配套设施齐全，管理制度严格，高效优质的施工能够保证设计意图的最大实现。
德山德水业务范围包括：居住区环境景观规划及设计，景观改造或环境整治，城市公共空间及城市绿地规划环保产业咨询，生态环境评估（EIA）等专业领域，致力于创造、研究、推广高品质的生活和生态环境。

森境园林打造"私家庭院设计、施工全程化的景观服务"的品牌企业，专业承接高端住宅私家花园、别墅花园、私家庭院、屋顶花园、商务景观的设计和施工项目。
几年来，我们以完善的设计，热情的服务，细致的施工，完成了百余家私家庭院的设计与建造，项目遍布广州、深圳、东莞、江门等五十几个别墅区及小区……我们以客户需求和客户满意为核心，注意整体设计与细节品质的结合，专业施工管理和优质客户服务结合。正因为此 —— 专业和诚信的结合，确保为您营造一个专属于您自己的优美舒适完美庭院。在后期服务上，我们对自己的要求是务必做到令所有客户满意安心。我们不但会在工程结束后为您提供详细的苗木维护目录、建筑维护要点等资料。还可以定期的对您的私家庭院进行专业修整与维护。以保证造园效果。我们会尽心的为您提供免费的专业知识咨询服务。
开创未来，勇于创新。公司将秉承实践与研究并重的经营方向，坚持"现代、生态、自然、和谐"的环境设计理念，以丰富的经验和先进的规范管理为客户提供系统、深入和完善的国际化专业服务。

设计风格．个性空间　将空间从无序到有序，从混沌到和谐 ... ...
风格 1：现代亚洲 SPA、现代自然主义　风格 2：简欧式、古典式风格
风格 3：南加州风情　　　　　风格 4：巴厘岛热带风情
风格 5：现代简约式风格　　　风格 6：现代中式休闲
风格 7：地中海式风格　　　　风格 8：美式田园风格
风格 9：西班牙式风格　　　　风格 10：意大利风格
风格 11：北美、泰式风格　　　风格 12：东南亚风情风格

吴涛

资深景观设计师
别墅园境设计总监

享受生活，享受工作，享受大自然，享受多元化空间营造，享受被认同的喜悦……
在实践中成长、状大，在成功中开拓、前进……
凭籍信念，度身定做生活空间 ---- 景观改变生活。

从事景观行业近 8 年，先后曾主持过近百个国内园林景观设计项目，多次获得国内奖项，其中包括："首届羊城青年设计大赛金奖"、"第十一届广州园林博览会特别大奖"等等。方案设计被收入《新现代园林》《居礼》；作品《世外桃源》被收录《广州景观设计经典》一书。主要代表项目有：广州大学城广东外语外贸学院、华南植物园第一村墅地理特性植被园、广州南沙大角山海滨公园、广州从化温泉地区重要景观工程设计广州河涌景观综合整治工程等市政园。地产项目有：广州碧桂园、广州绿景山庄、广州南沙奥园、广西奥园、广州锦绣香江、广州奥林匹克花园等地产项目。

北京翰时国际建筑设计咨询有限公司

翰时（A&S）国际建筑设计咨询有限公司是由国内外建筑师共同创立的建筑设计公司。公司创立于美国亚特兰大，2002 年在中国北京正式注册。公司的目标是把国际上先进的建筑设计与规划理念和技术介绍到中国，并按照国际标准，为业主提供高质量的设计服务，为新世纪中国城市与建筑的发展做出贡献。翰时（A&S）国际可在建筑设计、城市设计、室内设计、景观设计等各领域，为业主提供全方位的服务。翰时（A&S）国际采用国际化的理念、专业化的设计，地域化的服务，强调对客户的理解与尊重。翰时国际的敬业精神、专业知识、实践经验、市场活力已经成为有建设任务的业主们强有力的帮手和顾问。翰时（A&S）国际的设计人员有着近二十年的世界各地与中国的建筑设计的合作。翰时国际的设计人员参与过国内多个城市的社区规划及各类型的建筑 / 工程设计，如公共建筑、居住建筑、医疗 / 实验室建筑等，有着丰富的经验与广泛的专业知识，并注重结合中国国情将绿色生态、环保措施等高新技术与全新的观念，融入到设计当中。自公司创立以来，由翰时（A&S）国际参与的城市社区规划设计及各类型的建筑 / 工程设计项目遍及中国许多地区，如城市社区规划类有中国国家疾病预防控制中心（总体规划）、胶州老城区别墅、龙潭总部基地等项目；居住建筑类有北京康成花园别墅、北京五栋大楼、北京洋房、北京新天地、孔雀城三期、京都高尔夫别墅等项目；公共建筑类有绵阳电业局城区供电局、安徽国际护理学院、浙江新和成总部、大

连兴昌办公楼、优山美地美术馆、北京格拉斯小镇、蓝光 IBP 总部等项目。自 2003 年起，翰时（A&S）国际凭借着先进的设计方法及过硬的专业技术，应邀参加了国内多个项目的国际竞赛活动并中标。余先生曾荣获 2004 年度 CIHAF 中国建筑二十大品牌影响力设计公司、CIHAF2005 中国房地产二十大品牌影响力规划建筑景观设计院、中国商务建筑设计机构 10 强、中国地标建筑卓越设计机构 20 强等多个奖项，其设计作品也屡次获奖。中国的建筑建设正处于向现代化高速发展的阶段，国际水准的专业现代化建筑规划与设计对建筑事业成功地走向现代化发展具有极其重要的意义。我们致力于将建筑的功能及其人文文化内涵融合为有机整体，创造出与众不同、符合国际潮流与标准的现代化建筑。

余立

翰时（A&S）公司的总设计师，他在各类项目的总体规划、项目任务书和建筑设计方面具有丰富实践经验和专业知识。余先生的设计理念主要体现在对建筑设计的独到见解上。他主张每一个项目都应该有自己独特的风格和视觉效果。他的设计符合当代先进设计标准，与先进的设计理念相融合并。

张广亮　副总设计师　　　林载舞　　　　　王漾

京品庭院 - 南京沁驿园景观设计

京品庭院是一家极富创新性的景观设计营造机构。专业致力于别墅庭院设计、屋顶花园设计、花园施工建造。集园林景观设计，园林绿化，花园建造，花园养护，木艺产品销售，咨询服务为一体的景观公司。

蔡志兵

毕业于南京艺术学院 景观设计系
曾供职于英国 CVG 国际设计集团 参与设计了数十个大中型各类公共园林景观项目，积累了丰厚的园林实践经验。在 2006 年和友人创立京品庭院设计营造机构，专注于高端别墅庭院景观的设计与工程营造，在南京及长三角地区，为众多成功人士，设计营造了上百个高品质的庭院景观！设计营造理念：庭院景观，源于自然而高于自然。以人为本，因地制宜是设计的核心；而好看与好用两者结合，是庭院营造的法则。

广州市伟超园林景观设计有限公司

广州市伟超园林景观设计有限公司，前身为伟超景观设计工作室，本公司成立至今，一直致力于各类园林景观的设计制作。公司拥有一支优秀的队伍，设计总监是 80 年代的广州美术学院本土人才，设计师均毕业于华工、华农等知名学院的出色的设计师。我公司积极参与了多项市政园林、花园小区、度假山庄天台花园工程的设计投标。同时也进行了许多别墅园林的设计和施工工程。

王伟钊

广州美术学院毕业生，高级环境艺术设计师。
广州市伟超园林景观设计有限公司董事长 / 设计总监。

北京率土环艺科技有限公司

北京率土环艺科技有限公司是一家极富创新性的景观设计专业机构，是著名的别墅庭院设计及营造专家。率土提出了一个全新的理念——"无房"的设计理念。作为人居环境的美化设计与诗意的环境营造企业，率土从事开发、设计、研究并销售着有"品质"的、艺术的、设计的、生态的可持续发展的环境景观产品及优质专业的设计、施工、养护服务，帮助客户和合作伙伴取得健康诗意的生活品质。为了不懈地帮助人们体验健康惬意、哲思智达的环境空间，提升生活品质，实现"诗意的栖居"。
2006 年率土创立"无房"研究室，致力于对庭院营造的空间、生态、风格、文化的深度研究，同时对古典和现代的庭院小品和庭院艺术品，以及室内园艺、生态节能住宅等领域进行专题探索，其研究成果成为指导率土庭院设计营造发展的重要内容。目前，"无房"研究中心又增加了植物养护、服务流程、营销体系和运作模式等课题的探索。
2007 年，率土公司先后制定了"庭院施工质量标准"和"庭院报价系统标准"，并实施了"十三步园营造流程"和"九环质量保障体系"，迈出了规范行业的第一步。

大风

北京率土公司无房庭园工作室总设计师毕业于清华美院环艺系从事设计 12 年 2005 至今任率土公司"无房"庭园工作室主创设计师设计观点："无房"，身边有房，而心中无房，主张个性诗意的室外景观，忘却房的存在，从而使人们回归自然，健康诗意栖居。
"无房"——禅意。

广州市圆美环境艺术设计有限公司

广州市圆美环境艺术设计有限公司是一家充满设计激情，工作热度骄人的综合性景观规划设计机构，与美国 AAM 集团、英国艾特根集团是长期友好战略合作单位，诚信、专业、敏锐、专业，是公司的立足之本，自2003 年成立以来，公司一直致力于园林景观策划、规划、设计与施工以及与之配套的室内设计与商业咨询业务。服务项目涉及房地产小区、酒店、厂区、学校、庭院、商业、公园、旅游景观以及休闲农庄等。
经验沉淀道理，业绩凝聚智慧，善于运用哲学思想探索设计的内在本质，不断创新，研究并总结出以"凝自然至灵，圆精典之美"为公司设计理念，不断追求臻于高尚的景观艺术文化品味……

陈英梅

园林工程师，毕业于华南农业大学，进修于清华大学美术学院，任广州市圆美环境艺术设计有限公司设计总监，兼任美国 AAM 集团公司设计顾问，积累了近九年的实践经验，在设计的领域里具有较深的造诣，尤其是在园林景观设计方面更是独有见解，擅长赋予环境富有内涵且与别不同的意念。曾参与或主持过的项目分布全国。

加拿大奥雅景观规划设计事务所

"奥雅设计"是一个集城市规划和景观设计的品牌。1999 年在香港成立，十年磨砺，奥雅在用地规划、城市公共空间，绿地系统规划，住宅和商业景观设计、风景区规划与设计，环境提升、旧城改造、度假酒店与度假村、工业与科技园区、景观标识等领域都创造了高品质的充满创意的设计作品。"奥雅设计"，业已成为一个全程化设计的国际化品牌，成为中国设计界一支迅速上升的令人关注的力量。奥雅目前拥有中国建设部颁发的风景园林设计乙级资质。奥雅作为一家以设计为导向的事务所，已在全国各地完成了百余项大型景观规划和设计项目，并多次在大型政府项目的国际招标中中标。在过去的九年中，奥雅始终致力于绿色、生态和可持续发展的国际理念。在每个项目中都寻求机会修复和保护环境，探索生态设计的技术和方法，提高社会对自然环境和历史文化的敏感性和责任感，并寻求艺术化的语言方式，满足人的精神和心灵的需求，以期创造有灵性的人性化的空间。

上海香善佰良景观工程有限公司

上海香善佰良景观工程有限公司专注于庭院设计，庭院改造，屋顶花园、阳台花园设计及改造。公司拥有近 4000 亩的苗木供应基地，并有来自景观行业的专业设计团队和花园营造团队。我们热衷于为客户打造完美私家花园，至今已为众多客户成功达成风格迥异的私家花园梦想。
我们深信，花园是一种生活态度。为客户打造完美私家花园，是每一个香善人心中的梦想。我们首创了庭院设计施工零环节衔接，38 项星级服务标准，18 道庭院施工监管规范，以及 156 项细节要求。对设计水平、工程质量的严苛要求将贯穿整个设计施工环节，为您的花园梦想保驾护航。
我们用心诠释庭院的不同意境，深入挖掘庭院文化的精髓，并勇于传承和发扬东方庭院文化。
香善佰良倡导"让花园成为您家庭的新成员"，花园不只是置于屋外的花花草草，而是众多灵动生命的集合。他们在不同的环境和水气候下都会有不同的表现，只有专业的庭院公司才可以为您的花园营造提供保障，为了对每一处花园负责，我们更是远赴日本学习先进的造园理念和营造技术。真正能够使您的花园生活拥有最完美的一切。
让香善佰良与您一道共同营造绿色生活空间。

韩易凡

庭院设计师

擅长风格：日式庭院、新中式庭院、现代风格庭院、东南亚风格庭院。
设计作品：上海佘山高尔夫球场、西郊美林馆、凯欣豪园等。
设计感言：东方造园理念的精髓是将人的感悟放入庭院中，与西方纯粹赏花庭院相比，东方庭院更富有灵动和感情。
将东西方造园理念相结合，充分发挥东方庭院之美。

汇程私家庭院工作室

自公司成立以来，汇程私家庭院工作室在运作营造上，明确表示要让身为业主的您对自己的庭院有强烈的归属感和崇尚的理性荣耀。面对您非一般的居住意愿，我们必须有理由把匠心融汇到朴质低调的生活本色让出来，力求用精练的笔触勾描游垣无疆的意境。一直以来，汇程人以对业主和业主负责的态度，认真对待每一个项目，倡导"融汇理念、程就品位"的造园艺术准则，立志做园匠中的表率，匠园里的典范。

董阳

庭院设计师
毕业于沈阳农业大学园艺、园林专业　沈阳汇程庭院设计工作室首席设计师。

北京陌上景观设计有限公司

北京陌上景观设计有限公司（Msyard）从 2004 年开始一直致力于高端别墅庭院整设计营造、并已经扩展到城市居住区、风景区、商业空间、城市广场、主题公园等景观规划设计、别墅环境配套施工及改造等。
在私家花园庭院的设计制作上，阡陌田园景观一直强调庭院的强烈归属感与尊贵的理性荣耀，将业主对非一般的居住理想与亲近自然、向往自然的深度渴求回归到原始生态、质朴本真的生活本位上来，力求用精练的笔触勾勒无限意境，同时长期从事高档别墅庭院施工的经历也确保了园林语言在私家庭院里的上佳表现。
陌上景观，用设计，让庭院的品质与众不同。

高浩

北京陌上景观设计有限公司首席设计，关注中式、欧式庭院设计和传播，关注植物和庭院景观的层次及色彩设计。主要作品：波特兰花园 龙湖香醒漫步、与江西安福私人庄园、世爵源墅、涿州东京都高尔夫别墅 天津时代奥城 湾流墅等。

武汉春秋园林景观设计工程有限公司

武汉春秋园林景观设计工程有限公司是一家专门从事别墅庭院、屋顶花园、小区绿化、道路绿化设计、施工，环境艺术创作、景观工程施工、苗圃经营的专业公司。公司技术力量雄厚，拥有一批专职从事环境艺术规划、景观园林设计和景观工程施工等多专业组合的设计精英群，具有敏锐的艺术触觉、独到的设计思维、扎实的专业素质、严谨的工作态度，能够及时抓住时尚流行元素、园林景观和苗木等行业的市场发展动向。
武汉春秋园林景观设计工程有限公司秉承中国传统园林思想，把中国风水说同现代景观科学有机结合，运用城市科学、建筑学、传统园林建造的理论和经验，运用高新技术（包括生物技术）以及大众喜好，建造出众多既满足现代人生活习惯又能符合传统风水、地理等学说的优秀园林景观作品。
2005 年，公司进军武汉市场，集合了在武汉 F– 天下别墅群、小区绿化、道路绿化中参入设计施工多年的精锐力量，针对目前众多高档物业的私家园林景观这一市场，公司凭着丰富的高档别墅、小区绿化、道路绿化、及强大的专业队伍多年的景观规划、设计、施工经验，必定为武汉的园林景观写下新的一页。创新的设计思维、精湛的专业技艺、稳健的敬业精神、良好的客户交流；春秋园林景观愿意竭其所长回馈社会，与各界朋友共创美好的生活新空间，为建造和谐的环境空间贡献自己的力量。

向定华

园林景观设计师、园林工程师
座右铭：追求完美，打造精品

张芮

景观设计师
座右铭：喜爱艺术，喜爱文学；追求卓越，热爱生活，崇尚美好、美丽。

Hugh Ryan

Hugh Ryan MIDI studied Architecture in Dublin in the early 70's before progressing to landscape design and establishing his own practice, Hugh Ryan Landscape Design in 1977 where he specialises in the design and construction of private gardens.
Hugh's designs have received some measure of recognition both at home and overseas and have been published extensively.
Show gardens have also been a strong interest down the years and Hugh won a Silver medal at the Garden Heaven Show at the RDS in 2002 with his garden "La Vie Est Belle", and again in 2009, he won Silver with his controversial garden "Sequoia".
Hugh is a former Chair of the GLDA and up to recently served on the SGD Council.

ECOCENTRIX

Ecocentrix was founded on the fundamental premise that - the quality of the experience and function of landscapes is achieved by understanding inherently "what is" and "what is wanting", and that quality of life is a reflection of the quality of the landscape.

It has remained our charge to maintain a keen understanding of our client's individual and collective interests and lead each project with an evolved vision for how these may manifest with in.
The firm's work is rooted in investigations of residential estate and resort style living. Our clients are characterized by their culturally rich backgrounds and sophisticated design tastes, ranging from traditional to contemporary, and whose personal lifestyles and histories include a diverse range of travel and worldly explorations. This has availed us the opportunity for continued studies in the area of luxury living, and to enjoy work internationally.

Whether residential resort or resort hotel, our approach to site planning and amenity design bears a similar thread. We artfully interact with nature by thoughtfully manipulating natural and constructed form, recognizing that the art of landscape is in the interaction of human and nonhuman nature. It is in this way that we may accentuate and amplify space.
Our body of work exemplifies great stylistic range and restraint produced with consistently high quality. Our projects are immediately mood altering, celebrating the sensual and tactile temperament that is the fabric of landscape.
Our design creates the ground for celebrating the cycles of all life, and is the foundation of regional identities enveloping cultural distinctions. It reinforces what is powerful and enhances what is weak. Ecocentrix endeavors to "Enrich Life Through Design

JOHN FELDMAN

CEO, Founding Principal

A native of Los Angeles, John Feldman studied at the College of Architecture and Environmental Design at California Polytechnic State University, San Luis Obispo, where he received his Bachelor of Science degree in Landscape Architecture. Before beginning his professional career he embarked on an extensive overseas study program traveling throughout China and Southeast Asia. Through both his own individual study and his collaboration with professional offices and universities, he sought to explore, in depth, the social and cultural impacts on architecture, urban planning and the natural environment.

Feldman has been involved in a wide range of project types, including commercial retail, street improvements, museum and institutional, public open spaces, multi-family housing/mixed use planning, residential gardens and estate master planning. His skills reflect the diversity of the projects and his ability to provide expertise in design, public relations, technical problem solving, scheduling and budgeting issues.

Feldman enjoyed his tenure while at some of the most prolific design firms in Los Angeles. As Director of the Landscape Studio at KAA Design Group, he directed all aspects of design, management, and construction administration for the range of opportunities at the firm. Feldman credits having honed his skills in design and theories in "regional contextualism" while at the firm Nancy Goslee Power and Associates. In addition to strong business skills developed while having formerly operated the firm Garness / Feldman - Architecture + Landscape, Feldman brings extensive international design experience from having completed landscape projects in many countries around the world.

Licensed in the States of California and Hawaii, Feldman enthusiastically leads Ecocentrix, Inc. with vigor, vision, and evolved paradigms , with resulting design investigations spanning traditional to progressive - where ever the firm's work takes them.

STUDIO LASSO LTD

Integration of Art and Design in Space Creation: There are a number of different aspects of landscape, such as history, geology, topography, and the community of a region. We respect GENIUS LOCI (= Spirit of Place) of the site at the conceptual design stage, and work to enhance the special character of the land. Our main approach is to design and visualise natural energy, such as light (fire), wind, water and the earth, which are the basic 3-dimensional elements of landscape. The space can be an art form by adding 4-dimensional aspects, such as time and memory that is related to personal experiences, which one can share deep inside one's mind.

Landscape Design from Japanese sensitivity: We apply sensitive approach towards nature and sense of beauty in creation of space. Particularly, by interpretation and combining the concept and skills of Japanese traditional garden, we are aiming to explore the new paradigms of the contemporary landscape design.

Haruko Seki / Landscape Architect / Director, Studio Lasso Ltd

Qualified Landscape Architect and an associate member of the Landscape Institute in the UK.

After working for 9 years as an urban designer in Tokyo, Haruko moved to the UK in 1997, qualified with a Diploma in Garden Design at the Inchbald School of Design in 1998 and obtained MA Landscape Architecture at the University of Greenwich 2001. She worked at a London based landscape practice during in 2001—2004, set up studio Lasso in 2005 and collaborates with artists and designers from the UK and Japan. Haruko has taken part in domestic and international competitions since 2000, and has been awarded several prizes including Silver Medal at RHS Chelsea Flower Show at show garden category.

北京吉典博图文化传播有限公司是融建筑、美术、印刷为一体的出版策划机构。公司致力于建筑、艺术类精品画册的专业策划。以传播新文化、探索新思想、见证新人物为宗旨、全面关注建筑、美术业界的最新资讯。力争打造中国建筑师、设计师、艺术家自己的交流平台。本公司与英国、新加坡、法国、韩国等多个国家的出版公司形成了出版合作关系。是一个倍受国际关注的华语出版策划机构。

Beijing Auspicious Culture Transmission Co., Ltd. is a publication-planning agency integrating architecture, fine arts and printing into a whole. The Company is devoted to the specialized planning of the selected album in respect of architecture and art, and pays full attention to latest information in the fields of architecture and art, with the transmission of new culture, the exploration of new ideas, the witness of new celebrities as its tenet, striving to build up the communication platform for Chinese architectures, designers and artists. The Company has established cooperative relationships with many publishing companies in Britain, Singapore, France and Korea etc. countries; it is an outstanding Chinese publishing agency that draws the global attention.

《品味庭院》3   <<TASTEFUL COURTYARD>>3

Contributions 征稿
Wanted… 进行中……

感 谢 您 的 参 与 ！

吉典文化
WWW.JI-CHINA.COM

TEL: 010-68786829 010-67533200 010-68215537   E-MAIL: jidianbotu@163.com   QQ:545159365